依據最新「國際財務報導準則」(IFRS) 修訂

會計學

黃荃・楊志豪・李明德

習題解答
修訂版

東華書局

國家圖書館出版品預行編目資料

會計學:習題解答/黃荃,楊志豪,李明德著.--1版.
-- 臺北市:臺灣東華書局股份有限公司, 2023.08

112 面 ; 19x26 公分

　ISBN 978-626-7130-72-8 (平裝)

　1.CST: 會計學

495.1　　　　　　　　　　　　112013827

會計學　習題解答

著　　者	黃荃　楊志豪　李明德
特約編輯	鄧秀琴
發 行 人	蔡彥卿
出 版 者	臺灣東華書局股份有限公司
地　　址	臺北市重慶南路一段一四七號四樓
電　　話	(02) 2311-4027
傳　　眞	(02) 2311-6615
劃撥帳號	00064813
網　　址	www.tunghua.com.tw
讀者服務	service@tunghua.com.tw
出版日期	2025 年 9 月 1 版修訂 2 刷

ISBN　　978-626-7130-72-8

版權所有　‧　翻印必究

目次

第 1 章　會計基本概念 ……………………………………………………… 1
第 2 章　會計的帳務處理(一) —— 分錄、過帳與試算 …………………… 7
第 3 章　會計的帳務處理(二) —— 調整及編製財務報表 ………………… 17
第 4 章　會計的帳務處理(三) —— 結帳及分類之資產負債表 …………… 23
第 5 章　現金 ………………………………………………………………… 31
第 6 章　買賣業會計 ………………………………………………………… 37
第 7 章　商品存貨 …………………………………………………………… 45
第 8 章　應收款項 …………………………………………………………… 51
第 9 章　不動產、廠房及設備、天然資源、無形資產 …………………… 57
第 10 章　負債 ………………………………………………………………… 63
第 11 章　公司會計 …………………………………………………………… 69
第 12 章　投資 ………………………………………………………………… 77
第 13 章　現金流量表 ………………………………………………………… 87
第 14 章　財務報表分析 ……………………………………………………… 97

第1章　會計基本概念

一、問答題

1. 會計的意義為會計係對經濟資訊之認定、衡量與溝通之程序,以協助使用者作審慎之判斷與決策。其中,(1) 認定為對經濟交易事項,加以分析及辨認是否屬於特定經濟個體交易的程序。(2) 衡量為將認定屬於特定經濟個體的交易事項,使用會計語言加以認列,並依其性質分類彙總,編製成財務報表的過程。(3) 溝通未經認定與衡量後所產生的會計資訊 (即,財務報表),提供報表使用者作為決策的依據。

2. 會計資訊,按使用者可分為:(1) 內部使用者,如:企業的管理當局,包括負責企業內部規劃和經營管理的高階人員;及 (2) 外部使用者,如:投資人、債權人、政府機關及其他外部人士。

   而其功能分別為:(1) 提供管理資訊予企業管理階層查考之用,以協助管理階層了解企業的經營現況,評估營運績效,作為改進並規劃未來的經營方式之用。(2) 幫助投資人及債權人作投資與授信的決策。(3) 提供政府機關作為判斷企業是否遵守稅法規定及申報營利事業所得稅的依據,並作為監督管理企業之用,以保護報表使用者之權益。(4) 提供其他外部人士判斷企業是否有履約能力的判斷及評估企業的福利政策,以增進企業員工的福利。

3. 會計資訊是對經濟個體的財務狀況、經營成果及財務狀況之變動提供記錄與報導,提供報表使用者作為決策之用。

4. 會計對經濟交易事項,加以分析、辨認、認列、分類、彙總及編製成財務報表,傳達經濟個體經營結果及財務狀況等會計資訊,提供報表使用者作為決策之用。簿記是例行記載經濟事項,是一種機械化的程序,著重在會計的記錄與財務報表的編製部份,是會計的一個環節與技術。兩者之區別為會計則包括簿記,範圍更廣,會計

人員分析、解釋資料、編製財務報表、審計、設計會計制度、研究特殊行業、預算、預測和提供稅務服務。

5. 會計恆等式也被稱為會計方程式，表示等號的左右邊是恆等，是一個數學式。而在應用會計時，給予會計的意義。因此，可以如下的表達：資產＝負債＋權益。

6. 會計恆等式組成項目為資產、負債及權益共三項。

7. 會計恆等式為資產＝負債＋權益，改寫為資產－負債＝權益，表示權益為資產減負債，被稱為「淨資產」或「淨值」。

二、是非題

1.(×)　2.(×)　3.(○)　4.(×)　5.(×)　6.(×)　7.(×)　8.(×)　9.(○)　10.(×)
11.(×)　12.(○)　13.(○)　14.(×)　15.(○)

三、選擇題

1.(4)　2.(4)　3.(2)　4.(4)　5.(1)　6.(2)　7.(3)　8.(1)　9.(2)

四、計算題

1.

玫英商店
損益表
×1年1月1日至12月31日

收益：		
服務收入		$50,000
營業費用：		
薪資費用	$15,000	
水電費用	1,600	
租金費用	3,000	
廣告費用	1,100	
費用合計		(20,700)
本期淨利		$29,300

2.

日月公司
資產負債表
×1 年 12 月 31 日

資產：		負債及權益	
現金	$ 33,000	**負債：**	
應收帳款	14,000	應付帳款	$ 21,000
文具用品	12,000	**權益：**	
設備	125,000	股本	160,000
		保留盈餘	3,000
資產總額	$184,000	**負債及權益總額**	$184,000

3.

宏觀公司
權益變動表
×1 年 1 月 1 日至 12 月 31 日

	股本	保留盈餘	合計
期初餘額	$600,000	$ 0	$600,000
本期股東投資		0	0
本期淨利		500,000	500,000
股利		(402,000)	(402,000)
期末餘額	$600,000	$ 98,000	$698,000

4.

溫心公司
綜合損益表
×1 年 6 月份

收益：		
護理收入		$ 85,000
營業費用：		
廣告費用	$ 3,000	
保險費用	2,000	
薪資費用	24,000	
水電費用	8,500	
費用合計		(37,500)
本期淨利		$ 47,500
其他綜合損益		0
綜合損益總額		$ 47,500

溫心公司
權益變動表
×1年6月份

	股本	保留盈餘	合計
期初餘額	$200,000	$ 0	$200,000
本期股東投資		0	0
本期淨利		47,500	47,500
股利		(15,000)	(15,000)
期末餘額	$200,000	$32,500	$232,500

溫心公司
資產負債表
×1年6月30日

資產：		負債及權益	
現金	$ 26,000	負債：	
應收帳款	17,000	應付帳款	$ 7,000
設備	196,500	權益：	
		股本	200,000
		保留盈餘	32,500
資產總額	$239,500	負債及權益總額	$239,500

5.
智勝商店
綜合損益表
×1年1月1日至12月31日

收益：		
服務收入		$280,000
費用：		
廣告費用	$ 37,000	
維修費用	100,000	
保險費用	52,000	
薪資費用	100,000	
費用合計		(289,000)
本期淨利(損)		$ (9,000)
其他綜合損益		0
本期綜合損益總額		$ (9,000)

6. (1) 年底權益 = 560,000 − 260,000
　　　　　　　 = 300,000

　　×1 年度淨利(損) = 300,000 − 340,000 = (40,000)

　(2) ∵ ×1 年度淨損 = 40,000

　　∴ ×1 年度費用 = 320,000 + 40,000
　　　　　　　　　 = 360,000

　(3) 年底權益 = 560,000 − 260,000
　　　　　　　 = 300,000

　　×1 年度淨利(損) = 300,000 − (340,000 + 60,000)
　　　　　　　　　 = (100,000)

　(4) 年底權益 = 560,000 − 260,000
　　　　　　　 = 300,000

　　×1 年度淨利(損) = 300,000 + 70,000 − 340,000
　　　　　　　　　 = 30,000

　　×1 年度總收入 = 30,000 + 200,000
　　　　　　　　　= 230,000

7.

交易	資產	負債	權益	收入	費用
(1)	+	0	+	0	0
(2)	+	+	0	0	0
(3)	0	0	0	0	0
(4)	−	−	0	0	0
(5)	−	0	−	0	+
(6)	+	0	+	+	0
(7)	+	+	0	0	0
(8)	−	−	0	0	0
(9)	0	0	0	0	0

8. (1) 債務人還款，收到現金$30,000

　(2) 購入辦公設備 $50,000，給予票據

　(3) 償還欠款 $49,000

(4) 購入文具用品 $30,000，其中 $20,000 付現，$10,000 賒欠
(5) 提供服務，獲得現金 $100,000

9. (1) 資產
   (2) 資產
   (3) 權益
   (4) 收入
   (5) 費用
   (6) 負債
   (7) 負債

第 2 章　會計的帳務處理(一)　——分錄、過帳與試算

一、問答題

1. 交易是指企業與其他個體之間而發生的經濟活動事項，足以引起資產、負債及權益變動者。

2. 會計要素為資產、負債、權益、收入與費用五大類。其中，資產、負債及權益三項為資產負債表的組成要素，收入與費用為損益表的組成要素。

3. 五大會計要素為資產、負債、權益、收益與費損五大類。其定義為：
   (1) 資產：指企業所擁有之經濟資源，能以貨幣加以衡量，能產生未來經濟效益流入者。
   (2) 負債：指企業由於過去交易所產生具有未來的經濟義務，必須能以貨幣衡量，且未來必須以提供勞務償還或產生經濟資源流出者。
   (3) 權益：指股東主對於企業剩餘資產的請求權，又稱為淨值或淨資產，即資產減負債後的餘額。
   (4) 收益：收益包括收入與利益。其中，收入指企業出售商品或提供勞務與顧客所獲得的代價。利益指非屬於收入部份，由企業處分廠房、設備及投資等出售所得價款高於其帳面價值的部份，稱為利益。
   (5) 費損：費損包括費用與損失。其中，費用指企業賺取收入過程中，所負擔的代價。損失與利益相反，由於企業處分廠房、設備及投資等可能屬於營業活動或非營業活動所產生的出售所得價款低於其帳面價值的部份，稱為損失。

4. 依會計恆等式的原理、會計五大要素及左借右貸的關係。發展出一套記帳法則，稱為「借貸法則」，其規定如圖示：

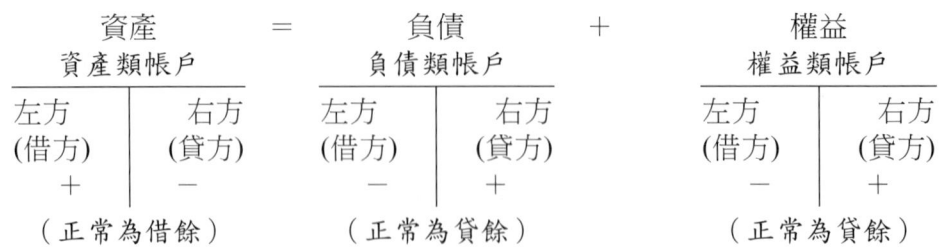

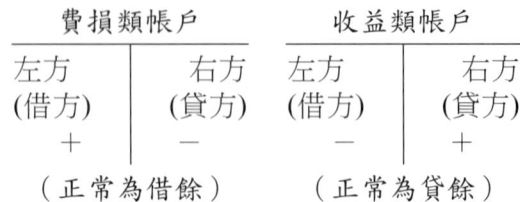

由上圖可知,會計恆等式的左邊為資產,負債及權益在等式的右邊。資產的 T 字帳,左邊表資產增加為借方或借記,右邊表資產減少為貸方或貸記;負債及權益的 T 字帳,左邊表負債及權益減少為借方或借記,右邊表負債及權益增加為貸方或貸記。

5. 財務報表的每一會計科目都設立一個帳戶,當帳戶借方總額與貸方總額的差額稱為帳戶餘額,若借方總額大於貸方總額時,其差額稱為「借餘」;借方總額小於貸方總額時,其差額則稱為「貸餘」。

6. 企業的任何一筆交易均不影響會計恆等式的恆等,借方與貸方金額必相等,當彙總所有的交易記錄,可發現借方總金額與貸方總金額相等,此稱為借貸平衡原理,即「有借必有貸,借貸金額必相等」,此種企業交易記錄方法,也被稱為「複式簿記」。

7. 日記簿係依企業交易發生的時序,逐筆登載的記錄簿,此帳簿也稱為序時帳簿。其功用為:
   (1) 將同一筆交易的借貸記錄彙記一起,便於比較檢查及減少錯誤發生。
   (2) 將交易依發生時序記錄,便於資料的查詢及了解交易全貌。
   (3) 日記簿所記載的之各科目,可以作為過帳的依據。

8. 過帳係將日記簿中的分錄，依借貸記錄轉登錄於分類帳的各個帳戶。

   每一筆分錄過帳，應按日記簿中記錄順序，依序先過借方科目，再過貸方科目，過到分類帳戶。其步驟如下：

   (1) 將日記簿中第一筆分錄日期，轉記至分類帳的日期欄。
   (2) 將該筆分錄的借方科目金額，過入至分類帳的借方金額欄。
   (3) 將該筆分錄所在日記簿內頁次，填寫至分類帳的日頁欄。
   (4) 將分類帳的頁次，填寫至日記簿的類頁欄。

   分錄的貸方記錄，按上述 (1)～(4) 的 4 個步驟的相同作法，過入分類帳。

9. 試算係根據借貸平衡原理，將分類帳中各帳戶借方總額及貸方總額或餘額加以彙總列表，計算其借貸是否平衡，以驗證分錄及過帳工作是否有誤的會計程序。

   試算的功能有二：(1) 驗證帳務處理有無錯誤；(2) 簡化財務報表編製的工作。

10. 試算表的格式包括表首與表身兩部份。

    (1) 表首包括企業名稱、報表名稱及編表日期。
    (2) 表身包括會計科目名稱、借方餘額及貸方餘額。

    其中，編表日期為編表的特定日期，而不是一段時間。會計科目名稱、借方餘額及貸方餘額等三欄，必須按資產、負債、權益、收入與費用的依序排列，試算表的編製步驟：

    (1) 填寫試算表的表首。
    (2) 填寫試算表的表身。即，將分類帳中各帳戶名稱、借方餘額及貸方餘額，按資產、負債、權益、收入與費用的排序，填入試算表。
    (3) 將試算表中借方餘額及貸方餘額分別加總，若借方總額等於貸方總額，則試算表完成。

11. 試算的限制係為無法由試算表的編製發現不影響借貸平衡的錯誤。通常，無法被發現誤的錯為：

    (1) 交易分錄重複入帳或過帳：企業的交易事項被重複記入日記簿或被重複過至分類帳。
    (2) 交易漏記或漏過帳：企業交易事項未被記入日記簿，或已記入，但遺漏過帳。
    (3) 會計科目記錯：例如：用錯會計科目或科目借貸顛倒等。
    (4) 借貸方發生相同金額的錯誤：例如：借貸方發生同額增加或同額減少的錯誤。

(5) 借方或貸方發生相互抵銷的錯誤：例如：應收帳款多計 $15,000，預付費用少計 $15,000；應付帳款多計 $10,000, 應付票據少計 $10,000。

12. 試算表的功用為：
    (1) 檢驗帳冊的記載或計算有無錯誤。
    (2) 便於財務報表的編製。
    (3) 可概略明瞭企業之財務狀況及經營結果。

13. 分錄由三個以上的會計科目，例如：一借二貸或二借一貸或二借二貸等所組成，則稱為複合分錄。

14. 分錄由二個會計科目，一借一貸所組成，稱為簡單分錄。

二、是非題

1.(×)　2.(○)　3.(×)　4.(×)　5.(×)　6.(○)　7.(○)　8.(○)　9.(○)　10.(×)
11.(○)　12.(×)　13.(×)　14.(○)　15.(○)　16.(×)

三、選擇題

1.(2)　2.(1)　3.(3)　4.(2)　5.(3)　6.(1)　7.(3)　8.(1)　9.(2)　10.(3)　11.(2)
12.(4)　13.(4)　14.(4)　15.(4)　16.(4)　17.(3)　18.(3)　19.(2)

四、計算題

1. (1) 貸方　(2) 借方　(3) 貸方　(4) 借方　(5) 貸方
   (6) 貸方　(7) 借方　(8) 貸方　(9) 貸方　(10) 借方

2. (1) ①現金　　　　　　　　350,000
　　　　　股本　　　　　　　　　　　　　350,000
　　　②機器設備　　　　　　85,000
　　　　　現金　　　　　　　　　　　　　85,000

③辦公設備	45,000		
現金		10,000	
應付帳款		35,000	
④現金	30,000		
應收帳款	50,000		
服務收入		80,000	
⑤房租費用	10,000		
現金		10,000	
⑥水電費用	2,000		
現金		2,000	
⑦股利	3,500		
現金		3,500	
⑧現金	50,000		
應收帳款		50,000	
⑨現金	10,000		
預收收入		10,000	
⑩辦公用品	1,500		
應付帳款		1,500	
⑪薪資費用	10,000		
現金		10,000	

(2)

現金					機器設備	
①	350,000	②	85,000	②	85,000	
		③	10,000			
④	30,000	⑤	10,000			
⑧	50,000	⑥	2,000			
⑨	10,000	⑦	3,500			
		⑪	10,000			
	319,500					

辦公設備			應收帳款	
③ 45,000		④ 50,000	⑧ 50,000
			0	

辦公用品			預收收入	
⑩ 1,500				⑨ 10,000

應付帳款			股本	
	③ 35,000			① 350,000
	⑩ 1,500			
	36,500			

股利			服務收入	
⑦ 3,500				④ 80,000

房租費用			水電費用	
⑤ 10,000		⑥ 2,000	

薪資費用	
⑪ 10,000	

3. 2月 2日　現金　　　　　　　200,000
　　　　　　　　股本　　　　　　　　　　　200,000
　　2月 3日　運輸設備　　　　　40,000
　　　　　　　　現金　　　　　　　　　　　40,000

2月 8日	用品	5,000	
	應付帳款		5,000
2月11日	應收帳款	28,000	
	服務收入		28,000
2月18日	廣告費用	10,000	
	現金		10,000
2月20日	現金	28,000	
	應收帳款		28,000
2月23日	應付帳款	5,000	
	現金		5,000
2月28日	股利	10,000	
	現金		10,000

4. (1) → (4) → (3) → (5) → (2)

5.
横濱公司
試算表
×1年12月31日

	借方	貸方
現金	$188,000	
預付保險費	45,000	
應付帳款		$ 40,000
預收收入		32,000
股本		160,000
股利	45,000	
服務收入		256,000
薪資費用	186,000	
租金費用	24,000	
	$488,000	$488,000

6. 借方總額＝$2,410,000－$72,000－$10,000
　　　　　＝$2,328,000

借方總額＝$2,400,000－$72,000
　　　　＝$2,328,000

(1) 應付帳款　　　　　　　72,000
　　　現金　　　　　　　　　　　　　　　　72,000
(2) 郵電費用　　　　　　　10,000
　　　水電費用　　　　　　　　　　　　　　10,000
(3) 不用作分錄

因為分錄無誤，過帳時應收帳款多記 $10,000（＝$320,000－$310,000）。因此，$10,000 作借方總額之減少。

(4) 利息支出　　　　　　　20,000
　　　利息收入　　　　　　　　　　　　　　20,000

7.

立德公司
試算表
×1 年 12 月 31 日

	借方	貸方
現金	$ 340,000	
應收票據	1,200,000	
辦公設備	600,000	
預付費用	1,200,000	
預收收入		$ 200,000
股本		2,000,000
股利	40,000	
服務收入		1,900,000
薪資費用	600,000	
廣告費用	80,000	
郵電費用	10,000	
水電費用	30,000	
	$4,100,000	$4,100,000

8. (1) 試算表借貸不平衡。

(2)

	借方	貸方
①現金多記 $5,400	$ (5,400)	
②文具用品少記 $10,000	10,000	
應付費用少記 $10,000		10,000
③應收帳款多記 $5,800	(5,800)	
應付帳款多記 $5,800		(5,800)
④應付帳款少記 $18,000		18,000
⑤薪資費用多記 $40,000	(40,000)	
合計	$(41,200)	$22,200

因此，試算表借方金額大於貸方金額，差額為$63,400 (= $ (41,200) − $22,200)

9. (1) 應付帳款　　　　　　　　　900
　　　　現金　　　　　　　　　　　　　　　900

(2) 文具用品　　　　　　　　　20,000
　　　應付帳款　　　　　　　　　　　　　18,000
　　　辦公設備　　　　　　　　　　　　　　2,000

10.

7月1日	現金	1,500,000	
	股本		1,500,000
	記錄股東之原始投資		
7月2日	不用作會計分錄		
7月5日	辦公設備	350,000	
	應付帳款		350,000
	記錄購置辦公設備		
7月8日	應收帳款	45,600	
	服務收入		45,600
	記錄服務收入		

	7月15日	應付帳款	150,000	
		現金		150,000
		償付部份購入辦公設備之應付帳款		
	7月27日	現金	15,000	
		服務收入		15,000
		提供服務，賺得收入		
	7月31日	薪資費用	84,000	
		現金		84,000
		支付員工薪資		
11.				
	10月1日	現金	700,000	
		股本		700,000
		記錄股東之原始投資		
	10月5日	辦公用品	76,200	
		現金		76,200
		記錄購置辦公用品		
	10月18日	現金	67,350	
		服務收入		67,350
		記錄服務收入		
	10月30日	薪資費用	38,000	
		現金		38,000
		支付員工薪資		

第 3 章　會計的帳務處理(二)
──調整及編製財務報表

一、問答題

1. 會計循環是指會計處理程序分為：分錄、過帳、試算、調整、編表及結帳六個步驟，前三項是平時經常性的會計工作，而後三項則是期末會計處理程序。這六項會計處理程序週而復始的進行。

2. 調整係為使企業的財務報表能正確地表達實際經營成果與財務狀況，在每一個會計期間結束時，會計人員必須對分類帳內各帳戶的餘額予以修正，使其符合實際狀況的過程。而調整的功用如下：
   (1) 使交易歸屬於正確的會計期間
       會計期間假設，將企業永續的生命，劃分成許多段落，俾將企業所發生的經濟交易事項，適當地歸屬於各會計期間。而會計人員在會計期間期末藉由調整分錄，可以達成將企業所發生的經濟交易事項，適當地歸屬於各會計期間的目的。
   (2) 使報表正確地反映企業的財務狀況及經營成果
       企業的財務報表經由調整使其資產、負債、權益、收入及費用等各帳戶餘額均符合實際情形，以達到公允表達企業之財務狀況與經營成果。
   (3) 簡化會計人員的平時會計工作
       會計人員的平時會計工作相當繁瑣，有些帳戶的處理，平時可不做詳細記載，如：利息收入、折舊等帳戶，等到會計期間期末時進行分析調整，可達到簡化平時會計工作的目的。

3. 指企業為賺取收入而發生的所有費用必須與收入在同一會計期間認列。同樣以服務業為例，企業提供服務時，除認列服務收入外，因提供服務而發生的相關費用，

如：薪資費用、郵電費用等費用已發生，而尚未支付，但服務收入已賺得，在會計期間期末，仍然要認列為費用。

4. 應計基礎係指企業對於收入與費用認定標準和權利及責任的發生，作為入帳的基礎。即以收入與費用是否實現作為認列收入與費用的基礎，而不論其是否有實際現金之收付。

現金基礎係指企業對於收入與費用的認定標準，均以實際的現金收付為判斷基礎；也就是企業於收到現金才認列收入，費用則於支付現金時認列。期末各帳戶不需做任何調整，會計工作較為簡化。

其中，應計基礎較能正確反映企業之經營結果，符合一般公認會計原則。

5. 調整分錄的類型可分為應計項目及遞延項目兩項。如：應收收入與應付費用、預收收入與預付費用。

6. 應計項目係指交易已發生，但因尚未收到現金或付出現金，故未記錄的事項。這些已發生的交易，在應計基礎下應於會計期間終了時，予以補記，做適當的調整分錄，俾利相關帳戶符合實際狀況。主要分為應收收入與應付費用。

遞延項目包括預收收入、預付費用兩項，係指已收取現金或支付現金，但在會計期間結束時，對已賺得收入或已耗用資產部份，與尚未賺得收入或未耗用資產部份，應予以區別，俾利對相關帳戶作適當的調整。

二、是非題

1.(○)　2.(○)　3.(×)　4.(×)　5.(○)　6.(○)　7.(×)　8.(×)　9.(×)　10.(○)

三、選擇題

1.(3)　2.(1)　3.(3)　4.(3)　5.(3)　6.(2)　7.(3)

四、計算題

1. (1) 應收租金　　　　　10,000
　　　　租金收入　　　　　　　　　10,000
　 (2) 水電費用　　　　　20,000
　　　　應付水電費　　　　　　　　20,000
　 (3) 薪資費用　　　　 500,000
　　　　應付薪資　　　　　　　　 500,000
　 (4) 預收租金　　　　 200,000
　　　　租金收入　　　　　　　　 200,000
　 (5) 文具用品費用　　　20,000
　　　　文具用品　　　　　　　　　20,000
　 (6) 保險費　　　　　 100,000
　　　　預付保險費　　　　　　　 100,000

2. (1) 預收租金　　　　　30,000
　　　　租金收入　　　　　　　　　30,000
　 (2) 利息費用　　　　　 8,200
　　　　應付利息　　　　　　　　　 8,200
　 (3) 文具用品費用　　　39,000
　　　　文具用品　　　　　　　　　39,000
　 (4) 保險費　　　　　　 6,000
　　　　預付保險費　　　　　　　　 6,000
　 (5) 應收利息　　　　　 5,000
　　　　利息收入　　　　　　　　　 5,000

3. 調整後公司淨利 ＝$420,000－($40,000－$20,000)＋($100,000－$70,000)
　　　　　　　　 ＝$430,000

4. 於×1年12月1日購入

   ×2年保險費用 ＝ $360,000 ÷ 36 × 12

   　　　　　　　＝ $120,000

   ×3年保險費用 ＝ $360,000 ÷ 36 × 12

   　　　　　　　＝ $120,000

   ×4年保險費用 ＝ $360,000 ÷ 36 × 11

   　　　　　　　＝ $110,000

5. 調整分錄

   ① 應收帳款　　　　　　　1,500
   　　　廣告收入　　　　　　　　　　1,500
   ② 預收廣告收入　　　　　1,600
   　　　廣告收入　　　　　　　　　　1,600
   ③ 廣告用品費用　　　　　3,600
   　　　廣告用品　　　　　　　　　　3,600
   ④ 保險費用　　　　　　　　850
   　　　預付保險費　　　　　　　　　　850
   ⑤ 利息費用　　　　　　　　150
   　　　應付利息　　　　　　　　　　　150
   ⑥ 薪資費用　　　　　　　1,300
   　　　應付薪資　　　　　　　　　　1,300
   ⑦ 應收利息　　　　　　　7,000
   　　　利息收入　　　　　　　　　　7,000
   ⑧ 租金費用　　　　　　　7,000
   　　　應付租金　　　　　　　　　　7,000

6.

三和公司
調整後試算表
×1 年 12 月 31 日

	借方	貸方
現金	$4,042,000	
應收帳款	500,000	
文具用品	20,000	
預付保險費	42,000	
辦公設備	1,000,000	
累計折舊 — 辦公設備		$ 200,000
應付票據		578,000
股本		4,000,000
股利	700,000	
服務收入		2,033,000
薪資費用	205,000	
水電費用	92,000	
保險費用	30,000	
文具用品費用	80,000	
折舊費用	100,000	
	$6,811,000	$6,811,000

7.

長崎公司
調整後試算表
×6 年 12 月 31 日

	借方	貸方
現金	$ 628,000	
應收帳款	300,000	
文具用品	10,000	
預付租金	20,000	
機器設備	1,200,000	
累計折舊		$ 400,000
應付票據		200,000
應付帳款		300,000
應付薪資		160,000
預收收入		20,000
股本		1,000,000
勞務收入		1,500,000
薪資費用	1,160,000	
用品費用	2,000	
租金費用	60,000	
折舊費用	200,000	
	$3,580,000	$3,580,000

第 4 章　會計的帳務處理(三)
—— 結帳及分類之資產負債表

一、問答題

1. 結帳乃指將企業在會計期間結束時,將虛帳戶的各帳戶餘額結清,實帳戶結轉下期,使各帳戶記錄暫告一個段落的會計處理程序。而其處理步驟如下所示:
   (1) 結清虛帳戶
   　　結清損益表帳戶時,為使收益及費用各帳戶的餘額結清歸零,將各帳戶餘額結轉至一個過渡性的彙總帳戶為「損益彙總」帳戶,也有用「本期損益」帳戶。當收入、費用帳戶餘額結轉至損益彙總帳戶後,再將損益彙總帳戶餘額結轉至權益的保留盈餘項內。最後,將股利帳戶餘額結清歸零,結轉至保留盈餘項內。
   (2) 結轉實帳戶
   　　結轉實帳戶乃將資產負債表內的資產、負債及權益類帳戶之餘額結轉至下期,繼續記載。

2. (1) 實帳戶
   　　實帳戶乃指在會計期間終了後,資產負債表的資產、負債及權益各帳戶,並不會結清而除列。
   (2) 虛帳戶
   　　虛帳戶係指損益表的收益、費用及權益變動表之股利。在會計期間結束時,須結清損益表內之收入及費用各帳戶餘額歸零,本期損益歸至權益。而損益表內之收入及費用各帳戶,至下一個會計期間開始重新由零開始記錄,以累積記錄企業下一個會計期間的經營結果。權益變動表之股利也在會計期間結束時,需要結清歸零,結轉至資產負債表的權益,使得權益產生減少的變動。

(3) 實帳戶與虛帳戶兩者之區別

在於會計期間終了後，實帳戶不會結清而除列，虛帳戶則需要結清而除列。因此，實帳戶是永久性帳戶，虛帳戶是暫時性帳戶。

3. 結帳試算表乃指結帳分錄登錄與過帳後，為確定結帳後分類帳中各帳戶餘額的借貸是否平衡，有必要根據結帳後分類帳餘額再編製試算表，此試算表稱為結帳後試算表。

4. 會計的處理程序為開始於對企業交易的分析，再將交易記入日記簿，其次由日記簿過帳至分類帳後，編製試算表做調整分錄及過帳與編製調整後試算表，然後編製財務報表，最後做結帳分錄及過帳與編製結帳後試算表，週而復始每期循環一次，此為會計循環。綜合以上所述，可簡單歸納出會計循環為分錄、過帳、試算、調整、編製財務報表及結帳。前三項為平時的會計處理程序：分錄、過帳、試算；後三項為期末會計處理程序：調整、編表、結帳。

5. 資產乃指企業所擁有的經濟資源，該資源係由於過去交易事項所產生，且預期未來可產生經濟效益之流入，包括流動資產、長期投資、不動產、廠房及設備、無形資產及其他資產。

負債係指企業所承擔義務，該義務未來必須以資產或新的債務償還者，包括流動負債、非流動負債及其他負債。

權益係為股東對企業剩餘權益的請求權，包含股東投入資本、本期經營的損益及增資的金額、減去股利。

6. 營業循環乃為企業營業活動由支出現金開始至收回現金為止不斷的循環過程。以買賣業為例，企業營業活動由支出現金購入商品成為存貨，再經由賒銷商品成為應收帳款，最後向客戶收回應收帳款成為現金，所需的時間為一個週期，稱為營業週期。

二、是非題

1.(○)　　2.(○)　　3.(○)　　4.(○)　　5.(○)

三、選擇題

1.(2)　2.(1)　3.(1)　4.(4)　5.(2)

四、計算題

1. (1) 結帳分錄

　　① 結清收入類帳戶

佣金收入	631,000	
租金收入	75,000	
損益彙總		706,000

　　② 結清費用類帳戶

損益彙總	756,000	
折舊費用		40,000
薪資費用		567,000
水電費用		149,000

　　③ 結清損益彙總

保留盈餘	50,000	
損益彙總		50,000

　　④ 結清股利

保留盈餘	120,000	
股利		120,000

(2) 結帳後試算表

日正國際公司
結帳後試算表
×1 年 12 月 31 日

	借方	貸方
現金	$249,400	
應收帳款	97,800	
設備	259,000	
累計折舊—設備		$154,000
應付帳款		52,200
預收租金收入		48,000
股本		522,000
保留盈餘	170,000	
	$776,200	$776,200

2. (1) 結帳分錄

① 結清收入類帳戶

服務收入	89,500	
租金收入	21,100	
損益彙總		110,600

② 結清費用類帳戶

損益彙總	40,700	
薪資費用		24,300
廣告費用		3,400
水電費用		2,700
折舊費用—建築物		8,500
折舊費用—設備		1,800

③ 結清損益彙總

損益彙總	69,900	
保留盈餘		69,900

④ 結清股利

保留盈餘	16,000	
股利		16,000

3. (1) 期末調整分錄
　　　預收貨運款　　　　　　200,000
　　　　運費收入　　　　　　　　　　　　200,000
　　(2) 結帳分錄
　　　運費收入　　　　　　　200,000
　　　　損益彙總　　　　　　　　　　　　200,000

4.
有得住公司
損益表
X9 年 1 月 1 日至 12 月 31 日

收入：		
服務收入	$588,000	
利息收入	22,400	
收入總額		$610,400
費用：		
薪資費用	$252,000	
水電費	70,000	
利息費用	33,600	
用品費用	36,400	
廣告費	70,000	
折舊費用	100,000	
費用總額		(562,000)
本期淨利		$ 48,400

有得住公司
權益變動表
X9 年 1 月 1 日至 12 月 31 日

	股本	保留盈餘	權益合計
期初餘額	$123,200	$　　0	$123,200
本期淨利		48,400	48,400
期末餘額	$123,200	$48,400	$171,600

有得住公司
資產負債表
X9 年 12 月 31 日

資產			負債		
流動資產：			**流動負債：**		
現金	$ 28,600		應付票據	$ 58,800	
應收帳款	75,600		應付帳款	100,000	
應收票據	224,000		應付利息	16,800	
應收利息	14,000		應付薪資	15,400	
文具用品	11,200		預收收入	30,800	
小計		$353,400	小計		$221,800
不動產、廠房及設備			**非流動負債：**		
土地	$ 98,000		長期應付票據		182,000
運輸設備	224,000		負債合計		$403,800
累計折舊—運輸設備	(100,000)		**權益：**		
小計		222,000	股本		123,200
			保留盈餘		48,400
資產合計		$575,400	**負債及權益合計**		$575,400

5.

華東公司
資產負債表
1X 年 12 月 31 日

資產

流動資產
現金	$14,550	
應收帳款	33,000	
文具用品	6,200	
流動資產合計		$ 53,750

長期投資
投資台美公司股票		50,000

不動產、廠房及設備
土地		$780,000	
建築物	$230,000		
減：累計折舊—建築物	(6,400)	223,600	
不動產、廠房及設備合計			1,003,600
資產合計			$1,107,350

負債

流動負債
應付帳款	$21,000	
應付票據	46,500	
流動負債合計		$ 67,500

非流動負債
應付票據(×4 年到期)		35,000
負債合計		$102,500

權益

股本	$800,000	
保留盈餘	204,850	1,004,850
負債及權益合計		$1,107,350

6.

明德公司
資產負債表
×2 年 12 月 31 日

資產

流動資產：			
現金		$525,000	
應收帳款		240,000	
應收票據		312,000	
文具用品		61,000	
小計			$1,138,000
不動產、廠房及設備			
土地		$1,400,000	
建築物	$800,000		
累計折舊－建築物	(200,000)	600,000	
設備	$210,600		
累計折舊－設備	(75,000)	135,600	2,135,600
資產合計			$3,273,600

負債

流動負債			
應付帳款	$ 43,000		
應付票據	166,000		
預收租金	26,500	$235,500	
長期負債：			
應付票據(×4 到期)		620,000	
負債合計			$ 855,500

權益

股本	$2,000,000	
保留盈餘	418,100	2,418,100
負債與權益合計		$3,273,600

第 5 章　現金

一、問答題

1. 現金可用來支付費用、清償債務以及購買資產，其流動性最大，位於流動資產之首。其內容包含硬幣、紙幣、銀行存款以及其他即期支票、匯票、支票等。同時現金的用途不受限制。

2. 零用金乃是定額之現金，有專人保管，用以支付日常零星支出。

3. 內部控制是為維護資產安全、確保會計資料之正確性與可靠性、提高營運效率、遵循公司政策之執行。

4. 零用金支付頻繁，難免收支有誤，常發生現金多出或短少情事，其差額即用現金短溢科目處理。該科目若為借方餘額則作為其他費用，若為貸方餘額，則作其他收入處理。

5. 企業每日將收到的現金存入銀行，每筆支出均以支票支付，理論上企業之現金餘額應與銀行帳上之餘額相等，但事實上並不相等。故須編製銀行存款調節表，以了解差異發生之原因及計算正確之餘額。

6. 銀行存款調節表的意義，是用以調節公司帳載餘額與銀行帳載餘額差異之報表。

二、是非題

1.(×)　2.(○)　3.(○)　4.(○)　5.(×)　6.(×)　7.(○)　8.(○)　9.(×)　10.(×)

三、選擇題

1.(4)　2.(4)　3.(2)　4.(4)　5.(2)　6.(2)　7.(4)　8.(1)　9.(4)　10.(2)

四、計算題

1. ×2年　10/1　　　　零用金　　　　　　　　500
　　　　　　　　　　　　現金　　　　　　　　　　　　500

　　　　　10/2~10/27　不做分錄

　　　　　10/31　　　　旅費　　　　　　　　　200
　　　　　　　　　　　　郵費　　　　　　　　　　70
　　　　　　　　　　　　雜項費用　　　　　　　　40
　　　　　　　　　　　　文具用品費用　　　　　　50
　　　　　　　　　　　　交通費　　　　　　　　　120
　　　　　　　　　　　　　現金　　　　　　　　　　　　480

2. ×2年　7/1　　　　零用金　　　　　　　1,000
　　　　　　　　　　　　現金　　　　　　　　　　　1,000

　　　　　7/4~7/29　不做分錄

　　　　　7/31　　　　郵費　　　　　　　　　　80
　　　　　　　　　　　　交通費　　　　　　　　　510
　　　　　　　　　　　　雜項費用　　　　　　　　160
　　　　　　　　　　　　清潔費　　　　　　　　　210
　　　　　　　　　　　　現金短溢　　　　　　　　　　5
　　　　　　　　　　　　　現金　　　　　　　　　　　　955

3. (1)

美美公司
銀行存款調節表
×2 年 4 月 30 日

公司帳簿餘額		$40,277
加：託收票據		1,250
合計		$41,527
減：公司支票 $485 誤記為 $458	$ 27	
存款不足退票	500	(527)
正確餘額		$41,000
銀行對帳單餘額		$39,158
加：在途存款		4,000
合計		$43,158
減：未兌現支票：		
#2015	$ 325	
#2021	1,100	
#2032	733	(2,158)
正確餘額		$41,000

(2) 補正分錄：

4/30	現金		1,250	
	銀行服務費		50	
	應收票據			1,200
	利息收入			100
	文具用品費用		27	
	現金			27
	應收帳款—台美商行		500	
	現金			500

4.

南台公司
銀行存款調節表
×2 年 11 月 30 日

公司帳簿餘額	$22,180
加：託收票據	2,970
合計	$25,150
減：雜項費用	(150)
正確餘額	$25,000
銀行對帳單餘額	$26,390
加：在途存款	3,140
合計	$29,530
減：未兌現支票	(4,530)
正確餘額	$25,000

補正分錄：

11/30	現金	2,970	
	銀行服務費	30	
	應收票據		3,000
	雜項費用	150	
	現金		150

5.

安美公司
銀行存款調節表
×2 年 6 月 30 日

公司帳簿餘額		$17,800
加：利息收入		200
正確餘額		$18,000
銀行對帳單餘額		$21,732
加：在途存款	$2,100	
銀行誤記	518	2,618
合計		$24,350
減：未兌現支票		(6,350)
正確餘額		$18,000

補正分錄：

×2年	6/30	現金	200	
		利息收入		200

6.
×2年	1/5	零用金	50,000	
		現金（銀行存款）		50,000
	1/11 ⎫			
	1/21 ⎬ 不做分錄			
	1/31 ⎭			
	2/1	水電費用	15,325	
		旅費	7,600	
		文具用品費用	25,000	
		現金短溢	75	
		現金		48,000
	3/1	零用金	10,000	
		現金		10,000

7.

君芬公司
銀行存款調節表
×2年7月31日

公司帳上餘額		$12,510
加：支票#313 金額誤記		9
小計		$12,519
減：銀行服務費	$ 70	
保險箱租金	100	(170)
正確餘額		$12,349
銀行對帳單餘額		$12,534
加：在途存款		3,015
小計		$15,549
減：未兌現支票		(3,200)
正確餘額		$12,349

7/31	現金		9	
	水電費			9
	銀行服務費		70	
	租金費用		100	
	現金			170

第 6 章　買賣業會計

一、問答題

1. 賣方為了鼓勵買方早日付清帳款，所給予價格上之折扣，以致於現金收入減少，謂之「現金折扣」。就賣方而言，稱「銷貨折扣」；就買方而言，稱之「進貨折扣」。

2. 銷貨淨額是銷貨收入減去兩個抵銷科目──銷貨退回與讓價及銷貨折扣。
   在損益表上表達方式如下：

銷貨收入		$××
減：銷貨折扣	$ ×	
銷貨退回及讓價	×	×
銷貨收入淨額		$××

3. 可供出售商品總額是期初存貨加上本期進貨淨額，等於可供銷售商品總額。

4. 多站式損益表中通常有銷貨收入(營業收入)、銷貨成本(營業成本)、營業費用、營業外收入與營業外費用五大類。

5. 定期盤存制度：每一種商品均未設立存貨卡，平時對進貨交易予以記錄，銷售時，不記錄存貨之減少，而待期末加以盤點，以決定期末存貨，再決定銷貨成本。此制度就盤存時間而言，稱定期盤存制。就盤存方法而言，稱實地盤存制。
   永續盤存制度：對於每一種商品分別設置存貨卡，當商品發生增減變動時，隨時在存貨卡上加以記錄。因而可就帳簿記錄了解銷貨成本及期末存貨。就盤存時間而言，稱永續盤存制。就盤存方法而言，稱帳面盤存制。

6. 買賣業與服務業的損益表最主要不同在買賣業多了銷貨成本。服務業單純地提供服務，賺取利潤，沒有商品存貨成本，只有費用。買賣業則是買進商品，再賣出商品，賺取利潤，有兩大類費用，即銷貨成本與營業費用。

7. 購貨運費是購貨成本的附加項目，應作為商品成本的一部份。因為在購貨之時，運費若不是買方付，很可能賣方直接將運費加入發票價格中，還是變成商品成本。

8. 永續盤存制度與定期盤存制度在帳務處理時，有兩點不同：一是永續盤存制度下做分錄時，會將定期盤存制度下之進貨及其加項(進貨運費)及減項(進貨折扣及進貨退出及讓價)的科目全部改成商品存貨；二是在永續盤存制下，銷貨時要多做一筆商品存貨減少之分錄。

二、是非題

1.(×)　2.(×)　3.(○)　4.(×)　5.(×)　6.(×)　7.(×)　8.(×)　9.(×)　10.(○)

三、選擇題

1.(3)　2.(1)　3.(4)　4.(3)　5.(2)　6.(3)　7.(3)　8.(2)　9.(2)　10.(1)

四、計算題

1.

期初存貨			$ 32,000
進貨		$180,000	
減：進貨退出	$21,000		
進貨折扣	12,000	(33,000)	
合計		$147,000	
加：進貨運費		25,000	
進貨成本淨額			172,000
可供銷售商品總額			$204,000
減：期末存貨			(45,000)
銷貨成本			$159,000

2. ×2年　11/1　進貨　　　　　　　　　　120,000
　　　　　　　　應付帳款　　　　　　　　　　　　　120,000
　　　　　11/3　應收帳款　　　　　　　　 60,000
　　　　　　　　銷貨收入　　　　　　　　　　　　　 60,000
　　　　　11/4　進貨　　　　　　　　　　 30,000
　　　　　　　　應付帳款　　　　　　　　　　　　　 30,000
　　　　　11/5　進貨運費　　　　　　　　　　 400
　　　　　　　　現金　　　　　　　　　　　　　　　　 400
　　　　　11/8　應付帳款　　　　　　　　　 5,000
　　　　　　　　進貨退出及讓價　　　　　　　　　　 5,000
　　　　　11/11 應付帳款　　　　　　　　120,000
　　　　　　　　現金　　　　　　　　　　　　　　117,600
　　　　　　　　進貨折扣　　　　　　　　　　　　　 2,400
　　　　　11/13 現金　　　　　　　　　　 58,800
　　　　　　　　銷貨折扣　　　　　　　　　 1,200
　　　　　　　　應收帳款　　　　　　　　　　　　　 60,000
　　　　　11/18 應收帳款　　　　　　　　 70,000
　　　　　　　　銷貨收入　　　　　　　　　　　　　 70,000
　　　　　11/28 現金　　　　　　　　　　 69,300
　　　　　　　　銷貨折扣　　　　　　　　　　 700
　　　　　　　　應收帳款　　　　　　　　　　　　　 70,000
　　　　　11/30 應付帳款　　　　　　　　 25,000
　　　　　　　　現金　　　　　　　　　　　　　　 25,000

3. ×2年　4/2　進貨　　　　　　　　　　 80,000
　　　　　　　　應付帳款　　　　　　　　　　　　　 80,000
　　　　　4/3　進貨運費　　　　　　　　　　 600
　　　　　　　　現金　　　　　　　　　　　　　　　　 600
　　　　　4/11　設備　　　　　　　　　　240,000
　　　　　　　　應付帳款　　　　　　　　　　　　　240,000

4/12	應付帳款		80,000	
	進貨折扣			1,600
	現金			78,400

4.

森林公司
損益表
×2年度

銷貨收入				$334,500
減：銷貨折扣			$ 34,200	
銷貨退回及讓價			27,000	(61,200)
銷貨淨額				$273,300
銷貨成本：				
存貨－1/1			$ 41,000	
進貨		$163,000		
減：進貨折扣	$25,000			
進貨退出及讓價	16,000	(41,000)		
合計		$122,000		
加：進貨運費		12,000		
進貨成本淨額			134,000	
可供銷售商品成本			$175,000	
減：存貨－12/31			(32,000)	(143,000)
銷貨毛利				$130,300
營業費用：				
保險費用			$ 7,000	
銷貨運費			26,000	
薪資費用			65,000	
水電費用			12,000	
折舊費用			26,000	
銷售佣金			8,000	(144,000)
營業損失				$(13,700)
其他收入及費用：				
利息收入			$ 11,000	
利息費用			(16,000)	(5,000)
本期純損				$(18,700)

5.

	×1 年	×2 年	×3 年
銷貨收入	(1) $404,000	$657,300	$545,000
銷貨成本	303,000	(3) 433,300	382,000
銷貨毛利	$101,000	$224,000	(5) $163,000
營業費用	56,000	(4) 189,000	(6) 182,000
淨利(淨損)	(2) $ 45,000	$ 35,000	$(19,000)

6. ×2 年　5/2　商品存貨　　　　　　　　　　　220,000
　　　　　　　　應付帳款　　　　　　　　　　　　　　220,000
　　　　5/8　應付帳款　　　　　　　　　　　　200
　　　　　　　　現金　　　　　　　　　　　　　　　　200
　　　　5/9　應付帳款　　　　　　　　　　　　5,000
　　　　　　　　商品存貨　　　　　　　　　　　　　　5,000
　　　　5/12 應付帳款　　　　　　　　　　　214,800
　　　　　　　　現金　　　　　　　　　　　　　　　212,652
　　　　　　　　商品存貨($214,800×1%)　　　　　　2,148
　　　　　　($220,000－$200－$5,000＝$214,800)

7.

平安公司
多站點式損益表
×2年度7月份

銷貨收入				$300,000
銷貨折扣			$ 24,000	
銷貨退回及讓價			12,500	(36,500)
銷貨淨額				$263,500
銷貨成本：				
存貨-7/1			$ 55,000	
進貨		$142,000		
進貨折扣	$6,500			
進貨退回及讓價	7,000	(13,500)		
合計		$128,500		
進貨運費		10,000		
進貨成本淨額			138,500	
可供銷售商品成本			$193,500	
存貨— 7/31			(48,000)	(145,500)
銷貨毛利				$118,000
營業費用：				
銷貨運費			$ 8,000	
保險費用			15,000	
租金費用			21,000	
薪資費用			50,000	(94,000)
淨利				$ 24,000

8. (1) ×2年　6/3　商品存貨　　　　　　　450,000
　　　　　　　　　　應付帳款　　　　　　　　　　　450,000

　　　　　　6/6　商品存貨　　　　　　　　800
　　　　　　　　　　現金　　　　　　　　　　　　　800

　　　　　　6/13　應付帳款　　　　　　　450,000
　　　　　　　　　　現金　　　　　　　　　　　　9,000
　　　　　　　　　　商品存貨　　　　　　　　　441,000

　(2) ×2年　7/3　應付帳款　　　　　　　450,000
　　　　　　　　　　現金　　　　　　　　　　　450,000

9. ×2年

8/4	應收帳款	78,000		
	銷貨收入		78,000	
	銷貨成本	52,000		
	商品存貨		52,000	
8/6	運輸費用（銷貨運費）	1,000		
	現金		1,000	
8/9	銷貨退回及讓價	12,000		
	應收帳款		12,000	
8/14	現金	65,340		
	銷貨折扣	660		
	應收帳款		66,000	

10.

		定期盤存制			永續盤存制	
7/1	進貨	2,100		商品存貨	2,100	
	應付帳款		2,100	應付帳款		2,100
7/4	應付帳款	300		應付帳款	300	
	進貨退出及讓價		300	商品存貨		300
7/6	進貨運費	100		商品存貨	100	
	現金		100	現金		100
7/8	應收帳款	1,200		應收帳款	1,200	
	銷貨收入		1,200	銷貨收入		1,200
				銷貨成本	800	
				商品存貨		800
7/11	應付帳款	1,800		應付帳款	1,800	
	現金		1,782	現金		1,782
	進貨折扣		18	商品存貨		18
7/17	現金	1,176		現金	1,176	
	銷貨折扣	24		銷貨折扣	24	
	應收帳款		1200	應收帳款		1,200

11. 銷貨天數＝365/($120,000/$30,000)＝91 天
    收現天數＝365/($200,000/$20,000)＝37 天
    營業循環＝91 + 37＝128 天

第 7 章　商品存貨

一、問答題

1. 先進先出法在物價上漲時，純益為最高，因其銷貨成本流程是先賣出前面較低成本的商品，銷貨成本低，純益自然就高。

2. 淨變現價值是指在正常營業情況下，出售商品的淨額(估計售價減去銷售費用之餘額)。

3. 個別認定法之優點為存貨流程與實際流程相符合，以實際成本配合實際收入，得出實際損益。缺點為實施上較困難，因商品上須註明記號，處理成本較高，同時有操縱損益之機會。

4. 存貨的錯誤在經過二個年度後，錯誤已自動相抵，所以不須調整任何項目。

5. 先進先出法的優點是其成本流程和實際流程相符合，期末存貨和市價接近，在物價上漲趨勢下，純益為最高。缺點則是銷貨成本為早期商品之成本，價格偏低，易造成紙上利潤。

6. 毛利率法是依據過去年度的銷貨毛利率，再以到目前為止的本期的銷貨淨額為基礎，推算出本期的銷貨毛利。再由本期的銷貨淨額中扣除銷貨毛利，得出估計之銷貨成本。接著由可供銷售商品成本中減去估計的銷貨成本，即可得到估計之期末存貨。

7. 先進先出法，所求出的結果，在永續及定期盤存制度下都一樣。

二、是非題

1.(○)　2.(○)　3.(×)　4.(×)　5.(×)　6.(○)　7.(○)　8.(×)

三、選擇題

1.(1)　2.(2)　3.(3)　4.(2)　5.(1)　6.(4)　7.(1)　8.(1)

四、計算題

1. 可供銷售商品成本：

1/1	1,000×$10 =	$10,000
2/15	2,000×$11 =	22,000
5/6	1,500×$12 =	18,000
11/21	1,600×$13 =	20,800
	6,100	$70,800

期末存貨數量：

$$6,100 - 1,800 - 2,200 = \underline{2,100} \text{ 件}$$

(1) 先進先出法

期末存貨：

11/21	1,600×$13 =	$20,800
5/6	500×$12 =	6,000
	2,100	= $26,800

銷貨成本：

可供銷售商品成本	$70,800
－期末存貨	26,800
銷貨成本	$44,000

(2) 加權平均法

$$\frac{可供銷售商品成本}{可供銷售商品} = \frac{\$70{,}800}{6{,}100} = \$11.607$$

期末存貨：

$2{,}100 \times \$11.607 = \underline{\underline{\$24{,}375}}$

銷貨成本：

可供銷售商品成本	$70,800
－期末存貨	24,375
銷貨成本	$46,425

2. (1) 先進先出法

期末存貨：

11/21	1,600×$13	=	$20,800
5/6	500×$12	=	6,000
	2,100	=	$26,800

銷貨成本：

$\$70{,}800 - \$26{,}800 = \underline{\underline{\$44{,}000}}$

(2) 移動平均法

	購貨			銷貨			餘額		
日期	數量	單位成本	總數	數量	單位成本	總數	數量	單位成本	總數
1/1							1,000	$10.00	$10,000
2/15	2,000	$11	$22,000				3,000	10.67	32,000
3/20				1,800	$10.67	$19,206	1,200	10.67	12,794
5/6	1,500	12	18,000				2,700	11.41	30,794
8/4				2,200	11.41	25,102	500	11.41	5,692
11/21	1,600	13	20,800				2,100	12.62	26,502
						$44,308			↓
						銷貨成本			期末存貨

3. (1)

	成本	零售價
期初存貨	$ 25,000	$ 36,000
進貨	246,000	364,000
進貨退出	(24,000)	(35,000)
可供銷售商品	$247,000	$365,000
成本比率 (247,000÷365,000＝67.67%)		
銷貨收入	$320,000	
銷貨退回	(41,000)	(279,000)
期末存貨－售價		$ 86,000

　　　期末存貨－成本 ($86,000×67.67%)＝$ 58,196

　(2) 期末存貨短缺 $58,196－$52,000＝$6,196

4. 可供銷售商品總額：

　　　　　1/1　　12,000×$6.00　＝　$ 72,000
　　　　　2/22　25,000×$6.50　＝　162,500
　　　　　4/30　20,000×$7.00　＝　140,000
　　　　　7/15　22,000×$7.20　＝　158,400
　　　　　11/6　15,000×$8.00　＝　120,000
　　　　　　　　　94,000　　　　　　$652,900

　(1) 先進先出法

　　　期末存貨：

　　　　　11/6　15,000×$8.00　＝　$120,000
　　　　　7/15　 6,000×$7.20　＝　　43,200
　　　　　　　　　21,000　　　　　　$163,200

　　　銷貨成本：

　　　　$652,900－$163,200＝ $489,700

　(2) 加權平均法

　　　　每單位平均成本 $652,900÷94,000＝$6.9457

期末存貨：

$$\$6.9457 \times 21,000 = \underline{\$145,860}$$

銷貨成本：

$$\$652,900 - \$145,860 = \underline{\$507,040}$$

5.

男裝	成本	淨變現價值	成本與淨變現價值孰低
大	$1,250	$1,300	$1,250
中	1,100	1,000	1,000
小	950	1,080	950
合計	$3,300	$3,380	
女裝			
大	$1,200	$1,100	1,100
中	950	920	920
小	880	850	85
合計	$3,030	$2,870	
總計	$6,330	$6,250	$6,070 (期末存貨)

6.

期初存貨		$ 120,000
進貨		1,450,000
可供銷售商品成本		$ 1,570,000
減：估計銷貨成本		
銷貨收入	$1,620,000	
減：估計銷貨毛利 (25%)	405,000	(1,215,000)
估計期末存貨		$ 355,000

7.

	成本	零售價
期初存貨	$ 20,000	$ 42,000
進貨	220,000	340,000
可供銷售商品	$240,000	$382,000
銷貨收入		(310,000)
期末存貨－零售價		$ 72,000

成本比率 (240,000÷382,000＝62.83%)
期末存貨－成本　　　$ 45,238

8. ×2 年毛利率：

(1)

銷貨收入		$540,000
銷貨成本：		
期初存貨	$ 62,000	
進貨	400,000	
進貨運費	20,000	
可供銷售商品成本	$482,000	
期末存貨	(55,000)	(427,000)
銷貨毛利		$113,000

×2 年毛利率 ($113,000÷$540,000)　20.93%

(2)

期初存貨		$ 55,000
進貨		132,000
進貨運費		5,000
可供銷售商品成本		$192,000
銷貨成本：		
銷貨收入	$190,000	
減銷貨毛利 (20.93%)	(39,767)	
估計銷貨成本		(150,233)
估計期末存貨		$ 41,767

估計×3 年存貨損失 ($41,767×70%)＝$29,237

第 8 章　應收款項

一、問答題

1. 客戶之帳款在確定無法收回時，已沖銷掉，故在回收時，應先重新設立客帳。故在做分錄時，應借記應收帳款，貸記備抵損失，之後才做收現之分錄，借記現金，貸記應收帳款。

2. 因客戶原先之帳款已被沖銷掉，現又回收，故須先重建客戶之資料後才收現，如此才能維持每一客戶信用記錄之完整。

3. (1) 7 月 3 日到期日。
   (2) 6 月 5 日到期日。

4. 備抵損失是期末估計信用損失時，因不知哪些客戶帳款無法收回，不能直接沖應收帳款，而貸記備抵損失。故備抵損失是應收帳款之抵銷科目，亦即減項科目。

5. 應收款項是對貨幣、財物及勞務之請求權，包括應收帳款、應收票據、應收利息、應收租金等。

6. 帳齡分析表是將企業年底的應收帳款一一加以分析後分類，按照每一筆帳款欠帳期間長短來確定帳款帳齡分佈情形，編製多欄式分析表。欠帳期間愈短，預期信用減損損失發生可能性愈小；欠帳期間愈長，收不回來可能性愈大，由此來估計信用損失金額。

7. 備抵法下估計信用損失金額有兩種方法：
   (1) 以期末應收帳款乘以預估之百分比，求備抵損失所需之數字。
   (2) 以應收帳款帳齡表來做個別分析，並估計備抵損失所須之數字。
   最後才考慮此帳戶原有之餘額，兩者之差額才是調整的數字。

二、是非題

1.(○)　2.(×)　3.(×)　4.(×)　5.(×)　6.(○)　7.(×)　8.(×)　9.(×)

三、選擇題

1.(3)　2.(4)　3.(3)　4.(3)　5.(3)　6.(3)　7.(2)　8.(2)

四、計算題

1. ×2年　8/1　(1) 應收帳款　　　　　72,000
　　　　　　　　　　銷貨收入　　　　　　　　　72,000
　　　　　　　(2) 現金　　　　　　　68,500
　　　　　　　　　　應收帳款　　　　　　　　　68,500
　　　　　　　(3) 應收帳款　　　　　　 600
　　　　　　　　　　備抵損失　　　　　　　　　　600
　　　　　　　　　現金　　　　　　　　 600
　　　　　　　　　　應收帳款　　　　　　　　　　600
　　1/31　(4) 預期信用減損損失　　1,810
　　　　　　　　　　備抵損失　　　　　　　　 1,810

應收帳款

×1年12/31	45,000	×2年(2)	68,500
×2年(1)	72,000	(3)	600
(3)	600		
	48,500		

$48,500 × 6% = $2,910

備抵損失

		×1年12/31	500
			600
			1,100
			1,810
		×2年1/31	2,910

蓮花公司
資產負債表（部份）
×2 年 1 月 31 日

流動資產	
應收帳款	$48,500
減：備抵損失	(2,910)
淨變現價值	$45,590

2. ×1年　12/31　預期信用減損損失　　　8,500
　　　　　　　　　備抵損失　　　　　　　　　　8,500
　　　　　　($250,000×3.5%＝$8,750)

備抵損失

	250
	8,500
	8,750

×2年　2/5　備抵損失　　　　　　　　3,000
　　　　　　　應收帳款－四竹公司　　　　　　3,000
　　　11/3　應收帳款－四竹公司　　　900
　　　　　　　備抵損失　　　　　　　　　　　900
　　　　　　現金　　　　　　　　　　900
　　　　　　　應收帳款－四竹公司　　　　　　900

3. (1) a.

×1年　12/5　應收票據　　　　　　　50,000
　　　　　　　應收帳款　　　　　　　　　　50,000

　　b.

　　　12/31　應收利息　　　　　　　　144
　　　　　　　利息收入　　　　　　　　　　　144
　　　　　　($50,000 \times 4\% \times \dfrac{26}{360} = \$144$)

c.

×2年	1/19	現金	50,250		
		應收票據		50,000	
		利息收入		106	
		應收利息		144	

($50,000 \times 4\% \times \dfrac{45}{360} = 250)

($250 - $144 = 106)

(2)

×2年	1/19	應收帳款	50,250		
		應收票據		50,000	
		利息收入		106	
		應收利息		144	

4. $290,000 \times 5\% = $14,500$

備抵損失

36,000	×1年 1/1	30,000
		20,500　← 調整之數
	×1年 12/31	14,500　←所需之數

×1年	12/31	預期信用減損損失	20,500	
		備抵損失		20,500

5.

×2年	4/2	應收帳款	31,000	
		銷貨收入		31,000
	5/2	應收票據	31,000	
		應收帳款		31,000
	6/16	現金	31,194	
		應收票據		31,000
		利息收入		194

($31,000 \times 5\% \times \dfrac{45}{360} = 194)

6.

應收票據	開立日期	期間	到期日	本金	年利率	利息總額
(1)	3月2日	45天	4月16日	$400,000	5%	$2,500
(2)	6月7日	60天	8月6日	240,000	4%	1,600
(3)	9月12日	3個月	12月12日	120,000	3%	900

7. ×2年　11/2　應收票據　　　　　　　　　10,000
　　　　　　　　　應收帳款　　　　　　　　　　　　　　10,000
　　　　12/31　應收利息　　　　　　　　　　100
　　　　　　　　　利息收入　　　　　　　　　　　　　　　100
　　　　　　($10,000 × 6% × $\frac{60}{360}$ = $100)

　×3年　1/30　現金　　　　　　　　　　　10,150
　　　　　　　　　應收票據　　　　　　　　　　　　　10,000
　　　　　　　　　應收利息　　　　　　　　　　　　　　　100
　　　　　　　　　利息收入　　　　　　　　　　　　　　　　50
　　　　　　($10,000 × 6% × $\frac{90}{360}$ = $150)

8. ×2年　4/5　應收票據　　　　　　　　　　6,000
　　　　　　　　　銷貨收入　　　　　　　　　　　　　6,000
　　　　7/6　應收帳款－王五　　　　　　　6,075
　　　　　　　　　應收票據　　　　　　　　　　　　　6,000
　　　　　　　　　利息收入　　　　　　　　　　　　　　　75
　　　　　　($6,000 × 5% × $\frac{3}{12}$ = $75)

　×3年　5/20　備抵損失　　　　　　　　　6,075
　　　　　　　　　應收帳款－王五　　　　　　　　　6,075

9. (1) 應收帳款餘額百分比法

　　銷貨淨額：$1,000,000 − $20,000 − $30,000 = $950,000

　　　　　　$950,000 × 5% = $47,500

　　　　　　$47,500 + $11,500 = $59,000

	預期信用減損損失	59,000	
	備抵損失		59,000

(2) $17,000 + $11,500 = $28,500

×2年 12/31	預期信用減損損失	28,500	
	備抵損失		28,500

第 9 章　不動產、廠房及設備、天然資源、無形資產

一、問答題

1. 天然資源的成本按估計礦場的總蘊藏量來分攤，把已開採的部份轉列為存貨的程序，稱為折耗，又稱耗竭。

2. 常須符合下列三條件：
   (1) 具有可辨認性。
      指可與企業分離或與其他權利義務分開，如專利權、特許權等。
   (2) 可被企業控制。
      企業須有能力獲取經濟效益，這些能力多來自法律的保障，如版權、專利權等。
   (3) 具有未來經濟效益。
      企業因擁有這些資產，須能產生未來現金流入或未來現金流出之減少。

3. 加速折舊法在資產使用初期提列較大折舊數額，而在後期提列較少之折舊。此法優點在於：(1) 資產早期效率較高，故應提列較多之折舊；(2) 早期資產折舊費用高而維修費用少，後期折舊費用低而維修費用多，可互相配合。

4. 不動產、廠房及設備用於天然資源時，須注意這些資產在礦場開採完後，能否移作他用。若可移轉他處使用，則照該資產原有耐用年限提列折舊。如該資產不能移往他處使用，在提列折舊時，要考慮資產使用年限與天然資源開採年限比較，取其短者。

5. 資本支出──支出所發生的經濟效益及於當期及以後期間者，也就是經濟效益超過 1 年以上者。通常借記資本帳戶。
   收益支出──其效益僅及於當期者，通常以費用入帳。

6. 無形資產分為兩類：
   (1) 可辨認之無形資產。指可以個別辨識，單獨轉讓者，如專利權、版權、商標權、特許權等。
   (2) 無法辨認之無形資產。此類無形資產通常與企業個體密不可分，通常不能個別辨認，亦無法單獨轉讓，如商譽等。

7. 無形資產之後續支出(如訴訟支出)，不論勝訴或敗訴，通常都列為費用。除非有明確證據顯示後續支出所帶來之績效超過原始評估之績效時，才可將此支出資本化。

8. 是倍數餘額遞減法，前期折舊費用較多，因其屬加速折舊法，前期提列折舊費用較大，之後愈來愈小。

二、是非題

1.(×)　2.(○)　3.(○)　4.(×)　5.(○)　6.(×)　7.(○)　8.(○)

三、選擇題

1.(3)　2.(3)　3.(2)　4.(1)　5.(1)　6.(4)　7.(3)　8.(2)

四、計算題

1. (1) 直線法：$\dfrac{\$600{,}000 - \$50{,}000}{5} = \$110{,}000$

   ×1年　$\$110{,}000 \times \dfrac{3}{12} = \underline{\$27{,}500}$

   ×2年　$\underline{\$110{,}000}$

   2) 活動量法：$\dfrac{\$600{,}000 - \$50{,}000}{100{,}000} = \$5.50$

   ×1年　$\$5.50 \times 5{,}500 = \underline{\$30{,}250}$

   ×2年　$\$5.50 \times 18{,}600 = \underline{\$102{,}300}$

(3) 倍數餘額遞減法：

×1 年 $\$600,000 \times \dfrac{2}{5} \times \dfrac{3}{12} = \underline{\$60,000}$

×2 年 $(\$600,000 - \$60,000) \times \dfrac{2}{5} = \underline{\$216,000}$

2. (1) $(\$220,000 - \$20,000) \div 5 = \$40,000$

　　累計折舊 $\$40,000 \times 4 = \$160,000$

　　帳面價值 $\$220,000 - \$160,000 = \underline{\$60,000}$

(2) ×5 年　6/30

折舊費用(40,000÷2)	20,000	
累計折舊—機器		20,000
(a) 累計折舊－機器	180,000	
機器報廢損失	40,000	
機器		220,000
(b) 累計折舊－機器	180,000	
現金	20,000	
機器出售損失	20,000	
機器		220,000
(c) 累計折舊－機器	180,000	
現金	45,000	
機器		220,000
機器出售利益		5,000

3. 甲：$(\$500,000 - \$50,000) \div 5 = \$90,000$

　　$\$90,000 \times 2\dfrac{10}{12} = \$255,000$ ——累計折舊

　　$\$500,000 - \$255,000 = \underline{\$245,000}$ ——帳面價值

乙：$400,000 \times \dfrac{2}{9} = \$88,889$（×1 年）

($400,000 - \$88,889) \times \dfrac{2}{9} = \$69,136$（×2 年）

($400,000 - \$158,025) \times \dfrac{2}{9} = \$53,772$（×3 年）

$88,889 + \$69,136 + \$53,772 = \$211,797$ —— 累計折舊
$400,000 - \$211,797 = \underline{\$188,203}$ —— 帳面價值

丙：$(\$300,000 - \$20,000) \div 10,000 = \$28$ 每小時折舊

×1 年 $28 × 540　 ＝ $ 15,120
×2 年 $28 × 2,200 ＝ $ 61,600
×3 年 $28 × 1,980 ＝ $ 55,440
　　　　　　　　　 $\underline{\$132,160}$ —— 累計折舊
$300,000 - \$132,160 = \underline{\$167,840}$ —— 帳面價值

4. ×5 年　1/1　累計折舊－機器　　　　　　　60,000
　　　　　　　　　機器　　　　　　　　　　　　　　　　　60,000
　　　　　　　($60,000 ÷ 4 = \$15,000，$15,000 × 4 = \$60,000$)

　　　　6/30　折舊費用　　　　　　　　　　　2,187.50
　　　　　　　　　累計折舊—設備　　　　　　　　　　　 2,187.50
　　　　　　　($35,000 ÷ 8 = \$4,375，$4,375 ÷ 2 = \$2,187.50$)

　　　　　　　現金　　　　　　　　　　　　　18,000
　　　　　　　累計折舊 ($4,375 × 3.5)　　　 15,313
　　　　　　　出售設備損失　　　　　　　　　 1,687
　　　　　　　　　設備　　　　　　　　　　　　　　　　　35,000

　　　　12/31　折舊費用　　　　　　　　　　　6,000
　　　　　　　　　累計折舊　　　　　　　　　　　　　　　6,000
　　　　　　　[($40,000 - \$4,000) ÷ 6 = \$6,000]

　　　　　　　累計折舊($6,000 × 5)　　　　 30,000
　　　　　　　處置汽車損失　　　　　　　　　 10,000
　　　　　　　　　汽車　　　　　　　　　　　　　　　　　40,000

5. ×2年　1/2　專利權　　　　　　　　　　32,000
　　　　　　　　　現金　　　　　　　　　　　　　　　　　　32,000
　　　　　　12/31　攤銷費用　　　　　　　　4,000
　　　　　　　　　專利權　　　　　　　　　　　　　　　　4,000
　　×3年　7/1　訴訟費用　　　　　　　　　10,000
　　　　　　　　　現金　　　　　　　　　　　　　　　　　　10,000
　　　　　　12/31　攤銷費用　　　　　　　　4,000
　　　　　　　　　專利權　　　　　　　　　　　　　　　　4,000

6. $\dfrac{(\$2,000,000-\$220,000)}{1,000,000}=\$1.78$

　折耗：$\$1.78\times 30,000=\underline{\$53,400}$

　　　　×2年　12/31　折耗費用　　　　　53,400
　　　　　　　　　　　累計折耗　　　　　　　　　　　　53,400

7. ×3、×4年折舊費用
　　　　($12,000−$2,000)÷5＝$2,000
　×5年初之帳面價值
　　　　$12,000−($2,000×2)＝$8,000
　×5年之折舊費用
　　　　($8,000−$1,000)÷4＝$1,750

　　×3年　12/31　折舊費用　　　　　　　2,000
　　　　　　　　　累計折舊　　　　　　　　　　　　　2,000
　　×4年　12/31　折舊費用　　　　　　　2,000
　　　　　　　　　累計折舊　　　　　　　　　　　　　2,000
　　×5年　12/31　折舊費用　　　　　　　1,750
　　　　　　　　　累計折舊　　　　　　　　　　　　　1,750

8. ×2年　12/31　商譽不須攤銷
　　　　12/31　攤銷費用（$50,000÷5×$\dfrac{8}{12}$）　6,667
　　　　　　　　專利權　　　　　　　　　　　　　　6,667

9. (1) $\dfrac{\$42,000 - \$2,000}{5} = \$8,000$ ─── 每年折舊費用

　　　$\$8,000 \times 4 = \$32,000$ ─── 累計折舊

　　　×4 年 12 月 31 日帳面價值：

機器		$42,000
減：累計折舊		32,000
帳面價值		$10,000

(2)	×5 年	4/1	折舊費用($\$8,000 \times \dfrac{3}{12}$)	2,000	
			累計折舊－機器		2,000
(3) (a)	×5 年	4/1	現金	10,000	
			累計折舊－機器	34,000	
			機器		42,000
			資產處分利益		2,000
(b)			現金	2,000	
			累計折舊－機器	34,000	
			資產處分損失	6,000	
			機器		42,000
10. (1)	×1 年		累計折舊－設備	58,000	
			設備		58,000
(2)			累計折舊－設備	54,000	
			資產處分損失	4,000	
			設備		58,000

第 10 章 　負債

一、問答題

1. 或有事項是指在資產負債表日已經存在的事實，企業可能會產生損失，此種或有損失又分為「負債準備」及「或有負債」。準備是負債，要認列入帳；「或有負債」則不認列，而在財務報表之附註揭露。

2. 公司在銷售商品時，通常提供產品售後服務保證。在保證期限內，產品若有瑕疵或發生故障，公司會免費修理或替換零件，稱產品售後服務保證。

3. 指一個公司使用須付固定費用的舉債融資方式，來籌措公司營運所需的資金，以期提高股東報酬，是為財務槓桿作用。

4. 在理論上講，以淨額法較優。因在淨額法，若未取得折扣，管理當局立即可以注意到有折扣損失，而查明責任歸屬。

5. 銀行透支為企業多與銀行有簽約，當企業存款不足時，無法支付所簽開之支票，只要在約定額度內，銀行會予以墊付，仍屬於流動負債。

6. 當市場利率與票面利率兩者有差異時，便會產生公司債之溢、折價。如市場利率大於票面利率，則折價發行；如市場利率小於票面利率，則會溢價發行。

7. 公司債債務解除之方式有三種：
   (1) 到期清償。
   (2) 提前收回或由公開市場買回。
   (3) 轉換為普通股。

8. 負債是指過去發生的交易或事項,而須在未來用資產支付或提供勞務償還的現時義務。

二、是非題

1.(○)　2.(○)　3.(×)　4.(○)　5.(×)　6.(×)　7.(○)　8.(○)

三、選擇題

1.(1)　2.(3)　3.(3)　4.(2)　5.(3)　6.(4)　7.(1)　8.(1)

四、計算題

1. (1) $200,000×4%＝$8,000　　　　$200,000＋$8,000＝$208,000

    $8,000 \times \dfrac{9}{12} = $6,000

    ×2 年利息費用 $6,000,到期值 $208,000

    (2)
×2 年	4/1	現金	200,000	
		應付票據		200,000
	12/31	利息費用	6,000	
		應付利息		6,000
×3 年	4/1	利息費用	2,000	
		應付票據	200,000	
		應付利息	6,000	
		現金		208,000

2.
×2 年	1/1	現金	100,000	
		應付公司債		100,000
	6/30	利息費用	3,000	
		現金		3,000

    ($100,000 \times 6\% \times \dfrac{6}{12} = $3,000)

			12/31	利息費用	3,000	

　　　　　　　　　　　現金　　　　　　　　　　　　　　　3,000

3. ×2年　　　現金　　　　　　21,250,000

　　　　　　　　　銷貨收入　　　　　　　　　　　　21,250,000

　　($25,000×850)

　　　　　　　估計產品保證負債　　38,400

　　　　　　　　　現金　　　　　　　　　　　　　　　24,000

　　　　　　　　　零件　　　　　　　　　　　　　　　14,400

　　($2,000×12＝$24,000)

　　($1,200×12＝$14,400)

　　　　　　　產品保證費用　　　136,000

　　　　　　　　　估計產品保證負債　　　　　　　　136,000

　　(850×5%＝42.5)

　　(42.5×$3,200＝$136,000)

4. (1) ×2年　　11/1　現金　　　　　100,000

　　　　　　　　　　應付票據　　　　　　　　　　　100,000

　 (2)　　　　12/31　利息費用　　　　2,000

　　　　　　　　　　應付利息　　　　　　　　　　　　2,000

　　　($100,000×12%×$\frac{2}{12}$)

　 (3) ×3年　　2/1　應付票據　　　100,000

　　　　　　　　　應付利息　　　　2,000

　　　　　　　　　利息費用　　　　1,000

　　　　　　　　　　現金　　　　　　　　　　　　　103,000

(4) 總利息費用為$3,000。

5.

		總額法			淨額法	
9/5	進貨	180,000		進貨	176,400	
	應付帳款		180,000	應付帳款		176,400
9/12	進貨	210,000		進貨	207,900	
	應付帳款		210,000	應付帳款		207,900
9/15	應付帳款	180,000		應付帳款	176,400	
	現金		176,400	現金		176,400
	進貨折扣		3,600			
9/30	應付帳款	210,000		應付帳款	207,900	
	現金		210,000	折扣損失	2,100	
				現金		210,000

6. ×2年　1/11　現金　　　　　　　　　107,721
　　　　　　　　應付公司債　　　　　　　　　　100,000
　　　　　　　　公司債溢價　　　　　　　　　　　7,721
　　　　6/30　利息費用($107,721×5%)　5,386
　　　　　　　公司債溢價　　　　　　　614
　　　　　　　　現金　　　　　　　　　　　　　　6,000
　　　　12/31　利息費用($107,107×5%)　5,355
　　　　　　　公司債溢價　　　　　　　645
　　　　　　　　現金　　　　　　　　　　　　　　6,000
　　　　　　　($107,721－$614＝$107,107)

7. ×2年　1/1　現金　　　　　　　　　　92,976
　　　　　　　公司債折價　　　　　　　7,024
　　　　　　　　應付公司債　　　　　　　　　　100,000
　　　　6/30　利息費用 ($92,976×7%)　6,508
　　　　　　　　公司債折價　　　　　　　　　　　　508
　　　　　　　　現金　　　　　　　　　　　　　　6,000

	12/31	利息費用 ($93,484×7%)	6,544		
		公司債折價		544	
		現金		6,000	
		($92,976＋$508＝$93,484)			
8. ×2年	1/1	現金	93,729		
		公司債折價	6,271		
		應付公司債		100,000	
	12/31	利息費用	5,624		
		公司債折價		1,624	
		現金 ($100,000×4%)		4,000	
		($93,729×6%＝$5,624)			

第 11 章　公司會計

一、問答題

1. 保留盈餘發生變動的原因有本期淨利（淨損）、股利發放、前期損益調整、庫藏股票交易損失等。

2. 普通股股東基本權利有：
   (1) 表決權 —— 股東投票選舉董事，間接影響公司的經營。
   (2) 盈餘分配權 —— 股東可接受股利，每股分配同等金額的股利。
   (3) 優先認股權 —— 在發行新股時，原有股東可照特定比例認購新股。
   (4) 剩餘財產分配權 —— 公司清算解散時，股東有權分配剩餘財產。

3. 特別股的性質有：
   (1) 優先分配股利 —— 公司支付普通股股利之前，特別股股東有權優先分配股利。
   (2) 優先分配剩餘財產 —— 當公司解散清算時，清償債務後，特別股股東可在普通股股東之前分配剩餘財產的權利。
   (3) 無投票權特別股 —— 不能參加選舉或被選為董監事。

4. 庫藏股票指公司買回自己公司之股票，須符合三項特質：一為自己公司股票；二為已發行之股票；三為買回而未註銷之股票。

5. 股利分配有四個重要日期：
   (1) 宣告日 —— 公司正式宣布發放股利之日期。
   (2) 登記日 —— 又稱股利基準日，該日股東名簿上有記載的股東，才可領到股利。此日無須做分錄。
   (3) 除息日 —— 除息日後已來不及過戶，故除息日後買之股票，稱之為除息股。故無須做分錄。

(4) 發放日 —— 實際發放之日期。

6. 庫藏股票是列於資產負債表之權益之減項。

表達方式如下：

```
權益
    投入資本                    $××
    保留盈餘                     ×
    合計                        $××
    減：庫藏股票成本              (×)
    權益總額                    $××
```

7. 公司發放股票股利的原因有：

(1) 滿足股東要求分配盈餘，卻又不必支付任何資產。

(2) 可增加流通在外股數，降低股票市價，增加市場的活絡性。

(3) 盈餘轉成永久性資本，盈餘減少了，而股本增加了。

8.

	優 點	缺 點
發行股票	(1) 不用定期支付股利 (2) 沒有到期日	(1) 會影響原有股東的權益 (2) 股利不能節稅
發行債券	(1) 不會稀釋股東的權益 (2) 可能產生較高之每股盈餘	(1) 定期支付利息 (2) 到期還本

二、是非題

1.(×) 2.(×) 3.(○) 4.(○) 5.(×) 6.(×) 7.(○) 8.(×) 9.(○) 10.(○)

三、選擇題

1.(3) 2.(3) 3.(1) 4.(4) 5.(4) 6.(4) 7.(3) 8.(1) 9.(4)

四、計算題

1. (1) 現金 ($11×20,000) 　　　　　　　　　220,000
　　　　　普通股股本 ($10×20,000) 　　　　　　　　　　　　200,000
　　　　　資本公積—普通股溢價 　　　　　　　　　　　　　20,000
　(2) 現金 ($105×1,000) 　　　　　　　　　105,000
　　　　　特別股股本 ($100×1,000) 　　　　　　　　　　　　100,000
　　　　　資本公積—特別股溢價 　　　　　　　　　　　　　5,000
　(3) 現金 ($102×2,000) 　　　　　　　　　204,000
　　　　　特別股股本 　　　　　　　　　　　　　　　　　204,000
　(4) 機器 ($12×5,000) 　　　　　　　　　60,000
　　　　　普適股股本 　　　　　　　　　　　　　　　　　50,000
　　　　　資本公積—普通股溢價 　　　　　　　　　　　　　10,000

2. ×5年 3/15 　庫藏股票 ($13×5,000) 　　　　65,000
　　　　　　　　現金 　　　　　　　　　　　　　　　　　65,000
　　　 4/20 　現金 ($15×2,000) 　　　　　　30,000
　　　　　　　　庫藏股票 ($13×2,000) 　　　　　　　　　26,000
　　　　　　　　資本公積—庫藏股票交易 　　　　　　　　4,000
　　　 5/25 　現金 ($12×2,000) 　　　　　　24,000
　　　　　　　資本公積—庫藏股票交易 　　　2,000
　　　　　　　　庫藏股票 ($13×2,000) 　　　　　　　　　26,000

資本公積—庫藏股票交易

5/25	2,000	4/20	4,000
			2,000

　　　 6/13 　現金 ($10×1,000) 　　　　　　10,000
　　　　　　　資本公積—庫藏股票交易 　　　2,000
　　　　　　　保留盈餘 　　　　　　　　　　1,000
　　　　　　　　庫藏股票 ($13×1,000) 　　　　　　　　　13,000

3. ×2年　6/4　　保留盈餘　　　　　　　　　　　　100,000
　　　　　　　　　　應付股利　　　　　　　　　　　　　　100,000
　　　　　7/10　不做分錄
　　　　　8/25　應付股利　　　　　　　　　　　　100,000
　　　　　　　　　　現金　　　　　　　　　　　　　　　　100,000

4. (1) ×2年　9/2　保留盈餘 (100,000×10%×$12)　120,000
　　　　　　　　　　應分配股票股利　　　　　　　　　　100,000
　　　　　　　　　　資本公積普通股溢價　　　　　　　　　20,000
　　　　　9/22　不做分錄
　　　　　11/12　應分配股票股利　　　　　　　　100,000
　　　　　　　　　　普通股股本　　　　　　　　　　　　100,000

   (2) ×2年　9/2　保留盈餘 (100,000×30%×$10)　300,000
　　　　　　　　　　應分配股票股利　　　　　　　　　　300,000
　　　　　9/22　不做分錄
　　　　　11/12　應分配股票股利　　　　　　　　300,000
　　　　　　　　　　普通股股本　　　　　　　　　　　　300,000

5. 普通股加權平均股數

　1/1　　200,000 × $\frac{12}{12}$ = 200,000

　4/1　　60,000 × $\frac{9}{12}$ = 45,000

　10/1　　30,000 × $\frac{3}{12}$ = (7,500)　237,500 (股)

　特別股股利
　　　　　　$100 × 50,000 × 4% = $200,000

　普通股每股盈餘　$\frac{\$420,000 - \$200,000}{237,500}$ = $\underline{\$0.926}$

6. (1) ×2 年　4/20　　保留盈餘 (200,000×5%×$14)　140,000
　　　　　　　　　　　　應分配股票股利　　　　　　　　　　100,000
　　　　　　　　　　　　資本公積—普通股溢價　　　　　　　 40,000
　　　　　5/20　　不做分錄
　　　　　7/1　　 應分配股票股利　　　　　　　　100,000
　　　　　　　　　　　　普通股股本　　　　　　　　　　　　100,000

(2) 權益
　　投入資本
　　　　特別股，4%，面額 $10，額定、
　　　　　發行且流通在外 100,000 股　　　　　$ 1,000,000
　　　　普通股，面額$10，額定 500,000 股，
　　　　　發行且流通在外 210,000 股　　　　　 2,100,000
　　　　資本公積—普通股溢價　　　　　　　　　　　40,000
　　　　投入資本總額　　　　　　　　　　　　　　$3,140,000
　　　　保留盈餘 ($600,000－$140,000＋$150,000)　 610,000
　　　　權益總額　　　　　　　　　　　　　　　　$3,750,000

(3) 特別股權益　$1,000,000
　　　每股帳面價值　$1,000,000÷100,000＝$10.00
　　　普通股權益　$3,750,000－$1,000,000＝$2,750,000
　　　每股帳面價值　$2,750,000÷210,000＝$13.10

7. 特別股股利　$10×100,000×5%＝$ 50,000
　 普通股股利　$800,000－$50,000＝$750,000

8.

		股本比例
特別股：$10×100,000＝	$1,000,000	1/5
普通股：$10×400,000＝	4,000,000	4/5
	$5,000,000	5/5

$1,000,000×4%＝ $ 40,000 ── 特別股正常股利
$4,000,000×4%＝ 160,000 ── 普通股定額股利
$ 200,000

(1) 特別股非累積

	股利總數	特別股	普通股
×1年	$ 70,000	$40,000	$ 30,000
×2年	10,000	10,000	—
×3年	300,000	40,000	260,000

(2) 特別股累積

	股利總數	特別股	普通股
×1年	$ 70,000	$40,000	$ 30,000
×2年	10,000	10,000	—
×3年	300,000	{ 30,000 40,000 }	230,000

9.
權益		
投入資本		
特別股，6%，累積，面額 $10，		
發行且流通在外 50,000 股		$ 500,000
普通股，面額$10，發行且流通		
在外 200,000 股	$2,000,000	
已認普通股股本 (40,000 股)	400,000	2,400,000
資本公積：		
特別股溢價	$ 70,000	
普通股溢價	600,000	670,000
投入資本總額		$3,570,000
保留盈餘		360,500
權益總額		$3,930,500

10. (1) 加權平均股數

$$1/1 \quad 200,000 \times \frac{12}{12} = 200,000$$

$$4/1 \quad 60,000 \times \frac{9}{12} = \underline{45,000}$$

$$\underline{\underline{245,000}}$$

(2) 每股盈餘

$$每股盈餘 = \frac{淨利}{普通股加權平均股數}$$

$$= \frac{\$820,000}{245,000} = \$3.347$$

11. 特別股權益 ＝特別股清算價值(或面額)＋積欠股利
    　　　　＝($10×100,000)＋($1,000,000×6%×2)
    　　　　＝$1,000,000＋$120,000＝$1,120,000

    特別股每股帳面價值

    $$每股帳面價值 = \frac{\$1,120,000}{100,000 股} = \underline{\$11.20}$$

    普通股權益

    $$總權益－特別股權益＝普通股權益$$
    $$\$3,900,000－\$1,120,000＝\$2,780,000$$

    普通股每股帳面價值

    $$每股帳面價值 = \frac{\$2,780,000}{200,000} = \underline{\$13.90}$$

12.

×2 年	9/2	庫藏股票	62,500	
		現金		62,500
	10/6	現金 ($13×4,000)	52,000	
		庫藏股票 ($12.5×4,000)		50,000
		資本公積－庫藏股票交易		2,000
	10/30	現金 ($11×1,000)	11,000	
		資本公積－庫藏股票交易	1,500	
		庫藏股票 ($12.5×1,000)		12,500

13.

(1) ×3 年	現金	600,000	
	普通股		600,000
(2)	現金	660,000	
	普通股		600,000
	資本公積－普通股交易		60,000

第 12 章　投資

一、問答題

1. 企業投資策略主因為資金彈性運用進行長短期投資規劃、設定投資標的增值目標，透過投資策略賺取投資收入及企業轉型目標。

2. 金融資產定義為泛指現金、應收帳款及投資；依不同交易對象，一般常見之金融工具為債券及股票兩類。

3. (1) 企業之債務工具投資，依其投資經營模式之分類條件可分為按攤銷後成本衡量之金融資產－債券 (AC 債券)、透過其他綜合損益按公允價值衡量之金融資產－債券 (FVTOCI 債券) 及透過損益按公允價值衡量之金融資產－債券 (FVTPL 債券)。
   (2) 企業之權益工具投資，依其投資經營模式之分類條件可分為透過其他綜合損益按公允價值衡量之金融資產－股票 (FVTOCI 股票)、透過損益按公允價值衡量之金融資產－股票 (FVTPL 股票)、採用權益法衡量 (Equity Method) 及編製合併報表 (Consolidated Financial Statements)。

4. (1) 透過其他綜合損益按公允價值衡量之金融資產－債券 (FVTOCI 債券) 之公允價值變動認列以「未實現持有損益－其他綜合損益」科目表達。
   (2) 重新分類後認列至「出售利得－FVTOCI 債券」或「出售損失－FVTOCI 債券」。

5. (1) 透過其他綜合損益按公允價值衡量之金融資產－股票 (FVTOCI 股票) 之公允價值變動認列以「未實現持有損益－其他綜合損益」科目表達，而非淨利。
   (2) 透過其他綜合損益按公允價值衡量之金融資產－股票 (FVTOCI 股票) 之未實現持有損益－其他綜合損益為權益科目以「累積其他綜合損益」科目表達，其餘額將結轉至下期，直到出售此股票。

(3) 透過其他綜合損益按公允價值衡量之金融資產－股票 (FVTOCI 股票) 售前須進行公允價值調整至當期「未實現持有損益－其他綜合損益」。

(4) 出售後不須重分類,「累積其他綜合損益」餘額結轉至「保留盈餘」。

6. (1) 當投資公司持有被投資公司普通股的比例介於 20% 與 50% 之間時,投資公司對被投資公司 (亦稱為關聯企業) 的營運與財務活動具有重大影響力。

(2) 投資公司在具有重大影響力而不具控制力之關聯企業,應依其持股比例認列關聯企業淨利。

二、是非題

1.(○)　2.(×)　3.(×)　4.(×)　5.(○)　6.(×)

三、選擇題

1.(1)　2.(1)　3.(3)　4.(3)　5.(4)　6.(2)

四、計算題

1.
- 按投資成本入帳,交易成本認列本期費用

×1/03/01	透過損益按公允價值衡量之金融資產－股票	15,000	
	現金		15,000

- 認列股利收入

×1/06/05	現金	2,000	
	股利收入		2,000

- 期末須按公允價值調整

×1/12/31	公允價值調整－FVTPL 股票	3,000	
	未實現持有損益－損益		3,000

- 股票出售前進行評價,公允價值為 $17,000,×1 年底公允價值為 $18,000

×2/02/01	未實現持有損益－損益	1,000	
	公允價值調整－FVTPL 股票		1,000

- 股票出售，售價為 $17,000

×2/05/01	現金	17,000	
	透過損益按公允價值衡之金融資產－股票		15,000
	公允價值調整－FVTPL 股票		2,000

2.

- 綠能公司股票出售前進行評價，公允價值為 $50,400，×1 年底公允價值為 $48,000

×2/01/01	公允價值調整－FVTOCI 股票	2,400	
	未實現持有損益－其他綜合損益		2,400

- 股票出售，售價為 $50,400

×2/01/01	現金	50,400	
	透過其他綜合損益按公允價值衡量之金融資產－股票		48,000
	公允價值調整－FVTOCI 股票		2,400

- 售後結帳作業

×2/01/01	未實現持有損益－其他綜合損益	2,400	
	累積其他綜合損益		2,400

- 售後結帳作業

×2/01/01	累積其他綜合損益	2,400	
	保留盈餘		2,400

- 安德公司股票按投資成本入帳

×2/01/12	透過其他綜合損益按公允價值衡量之金融資產－股票	19,200	
	現金		19,200

- 認列安德公司股利收入

×2/01/28	現金	3,000	
	股利收入		3,000

  1.5×2000 股＝$3,000

- 認列馬頓公司股利收入

×2/02/09	現金	2,800	
	股利收入		2,800

  2.8×1000 股＝$2,800

- 馬頓公司股票出售前進行評價，公允價值為$48,000，×1年底公允價值為$50,000

×2/02/20	未實現持有損益－其他綜合損益	2,000	
	公允價值調整－FVTOCI 股票		2,000

- 股票出售，售價為$48,000

×2/02/20	現金	48,000	
	公允價值調整－FVTOCI 股票	2,000	
	透過其他綜合損益按公允價值衡量之金融資產－股票		50,000

- 售後結帳作業

×2/02/20	累積其他綜合損益	2,000	
	未實現持有損益－其他綜合損益		2,000

- 售後結帳作業

×2/02/20	保留盈餘	2,000	
	累積其他綜合損益		2,000

- 認列安德公司股利收入

×2/07/05	現金	3,000	
	股利收入		3,000

  1.5×2000 股＝$3,000

- 天祥公司股票按投資成本入帳

    ×2/08/16　透過其他綜合損益按公允價值衡量之金融資
    　　　　　　產－股票　　　　　　　　　　　　　　18,000
    　　　　　　　現金　　　　　　　　　　　　　　　　　　　　18,000

- 認列天祥公司股利收入

    ×2/12/08　現金　　　　　　　　　　　　　　　　　　480
    　　　　　　　股利收入　　　　　　　　　　　　　　　　　　480
    　　　　　　$0.8×600 股＝$480

- 期末調整分錄（期末金融資產餘額 $93,200，期末公允價值 $104,000）

    ×2/12/31　公允價值調整－FVTOCI 股票　　　　10,800
    　　　　　　　未實現持有損益－其他綜合損益　　　　　　　10,800

- 期末結帳作業

    ×2/12/31　未實現持有損益－其他綜合損益　　　10,800
    　　　　　　　累積其他綜合損益　　　　　　　　　　　　　10,800

3.
- 按投資成本入帳

    ×1/01/01　按攤銷後成本衡量之金融資產－債券　　110,500
    　　　　　　　現金　　　　　　　　　　　　　　　　　　　110,500

- 定期認列利息收入

    ×1/07/01　現金　　　　　　　　　　　　　　　　2,210
    　　　　　　　利息收入　　　　　　　　　　　　　　　　　2,210
    　　　　　　$110,500×4\%×1/2＝$2,210

- 期末不須按公允價值進行調整，須認列利息收入

    ×1/12/31　應收利息　　　　　　　　　　　　　　2,210
    　　　　　　　利息收入　　　　　　　　　　　　　　　　　2,210

- 隔年付息

    | ×2/01/01 | 現金 | 2,210 | |
    | | 　應收利息 | | 2,210 |

- 定期認列利息收入 (第二年)

    | ×2/07/01 | 現金 | 2,210 | |
    | | 　利息收入 | | 2,210 |

- 期末不須按公允價值進行調整，須認列利息收入 (第二年)

    | ×2/12/31 | 應收利息 | 2,210 | |
    | | 　利息收入 | | 2,210 |

- 隔年付息

    | ×3/01/01 | 現金 | 2,210 | |
    | | 　應收利息 | | 2,210 |

- 債券到期日

    | ×3/01/01 | 現金 | 110,500 | |
    | | 　按攤銷後成本衡量之金融資產－債券 | | 110,500 |

4.
- 按投資成本入帳

    | ×1/01/01 | 採用權益法之股票投資 | 3,500,000 | |
    | | 　現金 | | 3,500,000 |

- 認列投資收益

    | ×1/12/31 | 採用權益法之股票投資 | 37,500 | |
    | | 　採用權益法之關聯企業損益份額 | | 37,500 |
    | | 投資收益＝$150,000×25％＝$37,500 | | |

- 認列股利收入

    ×1/12/31　現金　　　　　　　　　　　　　　　　5,000
    　　　　　　採用權益法之股票投資　　　　　　　　　　　　5,000
    　　　　股利收入＝$20,000×25%＝$5,000

5.
- 按投資成本入帳，交易成本認列本期費用

    ×1/01/01　透過損益按公允價值衡量之金融資產－債券　450,000
    　　　　　　交易手續費　　　　　　　　　　　　　500
    　　　　　　現金　　　　　　　　　　　　　　　　　　450,500

- 定期認列利息收入

    ×1/07/01　現金　　　　　　　　　　　　　　　　6,300
    　　　　　　利息收入　　　　　　　　　　　　　　　　6,300
    　　　　$450,000×2.8%×1/2＝$6,300

- 期末須認列利息收入

    ×1/12/31　應收利息　　　　　　　　　　　　　　6,300
    　　　　　　利息收入　　　　　　　　　　　　　　　　6,300

- 期末須按公允價值調整

    ×1/12/31　公允價值調整－FVTPL 債券　　　　　　5,000
    　　　　　　出售利得－FVTPL 債券　　　　　　　　　　5,000
    　　　　期末市價為 $455,000－投資成本 $450,000＝5,000

- 隔年付息

    ×2/01/01　現金　　　　　　　　　　　　　　　　6,300
    　　　　　　應收利息　　　　　　　　　　　　　　　　6,300

- 債券出售前進行評價，公允價值為 $460,000，×1 年底公允價值為 $455,000

×2/05/01	公允價值調整－FVTPL 債券	5,000	
	出售利得－FVTPL 債券		5,000
	出售前進行評價為 $460,000－上一年期末評價 $455,000＝5,000		

- 出售

×2/05/01	現金	460,000	
	透過損益按公允價值衡量之金融資產－債券		450,000
	公允價值調整－FVTPL 債券		10,000

6.
- 按投資成本入帳

×1/01/01	透過其他綜合損益按公允價值衡量之金融資產－債券	300,000	
	現金		300,000

- 定期認列利息收入

×1/12/31	現金	21,000	
	利息收入		21,000
	$300,000 × 7\% ＝ \$21,000$		

- 期末須按公允價值調整

×1/12/31	未實現持有損益－其他綜合損益	5,000	
	公允價值調整－FVTOCI 債券		5,000
	期末市價為 $295,000－投資成本$300,000＝$(5,000)		

- 期末結帳作業 (將 ×1/12/31 未實現持有損益－其他綜合損益結清)

×1/12/31	累積其他綜合損益	5,000	
	未實現持有損益－其他綜合損益		5,000

- 定期認列利息收入

×2/12/31 現金	21,000	
利息收入		21,000

  $300,000 \times 7\% = \$21,000$

- 債券出售，售價為 $290,000

×2/12/31 現金	290,000	
公允價值調整－FVTOCI 債券	10,000	
透過其他綜合損益按公允價值衡量之金融資產－債券		300,000

- 重分類認列出售利得

×2/12/31 出售損失－FVTOCI 債券	10,000	
未實現持有損益－其他綜合損益		10,000

- 期末結帳作業（將 ×2/12/31 未實現持有損益－其他綜合損益結清）

×2/12/31 未實現持有損益－其他綜合損益	10,000	
累積其他綜合損益		10,000

- 期末須按公允價值調整

×2/12/31 未實現持有損益－其他綜合損益	5,000	
公允價值調整－FVTOCI 債券		5,000

  期末市價$290,000－上一年期末評價$295,000＝$(5,000)

- 期末結帳作業（將 ×2/12/31 未實現持有損益－其他綜合損益結清）

×2/12/31 累積其他綜合損益	5,000	
未實現持有損益－其他綜合損益		5,000

FVTOCI 債券之 T 帳觀念解析

累積其他綜合損益

×1 年 12/31（期末結帳）	5,000	×2 年 12/31（期末結帳）	10,000
×2 年 12/31（期末結帳）	5,000		

第 13 章　現金流量表

一、問答題

1. 現金流量表主要的目的是提供企業在特定期間現金收入與現金支出相關的資訊。次要目的是提供財務報表使用者了解企業之營業、投資及籌資之政策，評估其流動性、財務彈性、獲利性及風險大小。

2. 現金流量表之編製步驟有三：
   (1) 先比較兩期之資產負債表，計算出差異。
   (2) 分析流動帳戶的變化。流動帳戶之異動通常與營業活動有關，由此可計算營業活動之現金流量。
   (3) 分析非流動帳戶的變化。一從非流動資產帳戶的變動，找出和投資活動相關之現金流量；另一是從非流動負債及權益帳戶之變動，找出和籌資活動相關之現金流量。

3. 現金流量表其內容分為：
   (1) 營業活動之現金流量。
   (2) 投資活動之現金流量。
   (3) 籌資活動之現金流量。
   另須補充附表，揭露不直接影響現金流量之投資及籌資活動之交易。

4. 營業活動之現金流量的表達方法有直接法與間接法兩種。直接法是將損益表上各項收入與費用，個別調整以直接收現數與付現數列出，亦即將應計基礎之損益表改成現金基礎之損益表。間接法係以損益表中之本期淨利為基礎，做必要之調整，計算當期營業活動之現金流量。

5. 不直接影響現金流量的投資及籌資活動，不會出現在現金流量表中，只會以附表來補充說明(依我國公報規定)。另依國際會計準則，不直接影響現金流量的投資及籌資活動，在資產負債表附註中揭露。

6. 折舊費用並不影響現金，但在應計基礎之損益表中，淨利之計算，是減掉折舊費用而得出淨利，故在改換成現金基礎之營運活動之現金流量時，須把折舊費用加回去。

7. (1) 現金購買機器。
   (2) 出售長期投資股票得到現金。

8. (1) 發放現金股利。
   (2) 發行債券得到現金。

二、是非題

1.(○)　2.(×)　3.(×)　4.(○)　5.(×)　6.(○)　7.(○)　8.(×)

三、選擇題

1.(4)　2.(3)　3.(4)　4.(3)　5.(3)　6.(2)　7.(3)　8.(2)　9.(4)　10.(1)

四、計算題

1.

營業活動之現金流量	
淨利	$32,000
調整項目：	
應收帳款減少	7,000
存貨減少	13,000
應付帳款增加	6,000
應付費用負債減少	(6,000)
折舊費用	8,000
出售資產利得	(1,500)
營業活動之淨現金流入	$58,500

2.

營業活動之現金流量		
淨利	$ x	
調整項目：		
應收帳款增加	(3,000)	
存貨減少	4,200	
應付帳款減少	(11,000)	3,200
應付費用負債增加	8,000	
折舊費用	5,000	
	$82,000	

$x =$ 淨利 $= \$82,000 - \$3,200 = \$78,800$

3.

設備			
	48,000	出售	20,000
買進	35,000		
	63,000		

累計折舊			
出售	14,000		30,000
		折舊	16,000
			32,000

現金	8,000	
累計折舊	14,000	
設備		20,000
出售資產利得		2,000
折舊費用	16,000	
累計折舊		16,000
設備	35,000	
現金		35,000

由上述三筆分錄，可得知：

(1) 投資活動 ── 出售設備資產，現金增加 $8,000。

(2) 營業活動 ── 折舊費用為 $16,000。

(3) 投資活動 ── 現購設備現金減少 $35,000。

4.

營業活動之現金流量	
淨利	$119,000
調整項目：	
應收帳款增加	(15,000)
應付帳款減少	(3,000)
應付所得稅負債增加	1,000
營業活動之淨現金流入	$102,000

5.

營業活動之現金流量	
從顧客處收現 ($440,000－$15,000)	$425,000
付營業費用 ($270,000＋$3,000)	(273,000)
付所得稅費用 ($51,000－$1,000)	(50,000)
營業活動之淨現金流入	$102,000

6.

正義公司
現金流量表
×2 年度
（間接法）

營業活動之現金流量		
淨損	$(18,000)	
調整項目：		
應收帳款增加	(20,000)	
預付費用增加	(4,000)	
應付帳款增加	5,000	
折舊費用	13,000*	
出售土地損失	12,000	
營業活動之淨現金流出		$(12,000)
投資活動之現金流量		
出售土地	$ 10,000	
出售設備	6,000	
投資活動之淨現金流入		16,000
籌資活動之現金流量		
發行公司債	$ 23,000**	
贖回公司債	(15,000)	
付現金股利	(6,000)	
籌資活動之淨現金流入		2,000
本期現金增加數		$ 6,000
期初現金餘額		33,000
期末現金餘額		$39,000
不影響現金流量之投資及籌資活動：		
發行普通股交換設備		$ 25,000

* 　　　累計折舊
出售	9,000	14,000	
		折舊	$x \rightarrow 13,000$
		18,000	

** 　　應付公司債
贖回	15,000	19,000	
		$x \rightarrow 23,000$	
		27,000	

7.

金門公司
現金流量表
×2年度
（間接法）

營業活動之現金流量		
淨利	$ 86,760	
調整項目：		
應收帳款增加	(18,000)	
存貨減少	30,000	
預付費用增加	(200)	
應付帳款減少	(6,000)	
應付薪資減少	(9,000)	
應付所得稅減少	(1,200)	
折舊費用	58,600	
出售設備利得	(2,000)	
營業活動之淨現金流入		$138,960
投資活動之現金流量		
現購設備	$(58,600)	
出售設備	10,000*	
投資活動之淨現金流出		(48,600)
籌資活動之現金流量		
償還票據	$(30,000)	
發行股票	50,000	
付現金股利	(69,560)**	
籌資活動之淨現金流出		(49,560)
本期現金增加數		$40,800
期初現金餘額		45,000
期末現金餘額		$85,800
現金流量資訊之補充揭露：		
本期支付所得稅		$46,840

累計折舊					設備		
出售	40,600		10,000		120,000		48,600
		折舊	58,600		58,600		
			28,000		130,000		

*現金	10,000	
累計折舊	40,600	
設備		48,600
出售設備利得		2,000

	保留盈餘	
	69,560	7,400
		86,760
		24,600

保留盈餘	69,560	
**現金		69,560

8.

世界公司
現金流量表
×2 年度
（間接法）

營業活動之現金流量		
淨利		$ 26,000
調整項目：		
應收帳款增加		(32,000)
存貨減少		68,000
預付費用增加		(4,000)
應付帳款增加		14,000
應付薪資減少		(28,000)
折舊費用		20,000
攤銷費用－專利權		8,000
營業活動之淨現金流入		$ 72,000
投資活動之現金流量		
出售土地		326,000
籌資活動之現金流量		
公司債贖回	$(300,000)	
付現金股利	(68,000)	
籌資活動之淨現金流出		(368,000)
本期現金增加數		$ 30,000
期初現金餘額		70,000
期末現金餘額		$100,000
現金流量資訊之補充揭露：		
本期支付利息		$20,000
本期支付所得稅		$7,800

9.(1)

青田公司
現金流量表
×2 年度

營業活動之現金流量		
淨利		$ 60,000
調整項目：		
應收帳款減少		140,000
存貨減少		60,000
應付帳款減少		(40,000)
折舊費用		10,000
營業活動之淨現金流入		$230,000
投資活動之現金流量		
購買設備		(100,000)
籌資活動之現金流量		
贖回公司債	$(110,000)	
增發新股	200,000	
付現金股利	(200,000)	
籌資活動之淨現金流出		(110,000)
本期現金增加數		$ 20,000
期初現金餘額		280,000
期末現金餘額		$300,000

(2) 直接法：

　　優點──將損益表由應計基礎轉成現金基礎，且詳列各項目現金之流入與流出。
　　　　　有助於預測未來之現金流量。

　　缺點──本期損益和從營運而來之現金流量的不同，易造成誤解。

　　間接法：

　　優點──由本期淨利(損)加以調整，得出營業活動之淨現金流入(出)，可瞭
　　　　　解差異之原因。

　　缺點──無法得出營業活動之現金流入及流出的來源，同時在調整時加回折舊、
　　　　　折耗等費用，會讓人誤解為折舊與折耗等費用會產生現金流入。

第 14 章　財務報表分析

一、問答題

1. 所謂靜態分析是指同一期間財務報表相關項目之比較分析，又稱垂直分析。是一種縱向分析。

2. 所謂動態分析是指連續多期或多年財務報表間相同項目變化之比較與分析，又稱水平分析。是一種橫向分析。

3. 所謂共同比分析是將同期報表相關項目加以比較分析，通常先選定一具代表性項目為百分之百，而將其他項目與此一代表性項目比較，換算為總額的百分比。以資產負債表來說，選定資產總額為代表項目，而損益表則選淨銷貨為代表項目。

4. 企業的存貨是供銷貨之用，故存貨與銷貨間應維持一合理之比率關係。故存貨週轉率是銷貨成本除以平均存貨。存貨週轉率高之優缺點有：
   優點：
   (1) 週轉率高，代表效率高；
   (2) 避免存貨陳舊；
   (3) 不必投資太多資金於存貨。
   缺點：
   (1) 可能喪失某些銷貨，因無足夠存貨；
   (2) 喪失數量折扣；
   (3) 增加訂貨成本。

5. 財務報表分析比較結果，應和三個不同標的相互比較，即：
   (1) 同公司不同期間之比較，可看出其增減變動及變動之趨勢。
   (2) 同產業不同公司相同期間之比較，與競爭對手比較，可用來評估績效。

(3) 與同業平均比較，也可評估企業在同業中相對經營績效。

6. 財務報表分析是對企業之財務報表就相關事項與資料進行整理與分析，並解釋其間之關係，藉以評估該企業過去之經營成果及目前之財務狀況，並藉以評估未來可能之估計，以導出對決策有用之依據。

7. 流動資產中之現金、短期投資及應收款項三者之流動性最大，在正常情形下，可於很短期限內變成現金，因而將此三者稱為速動資產。

   速動比率又稱酸性測驗比率，因速動資產變現能力強，與流動負債相除，得之速動比率，其公式為：

   $$速動比率 = \frac{速動資產}{流動負債}$$

8. 流動比率為流動資產除以流動負債。但流動資產所組成之項目，並非全具有高度的流動性。即使有高度的流動比率，在很短時間內，亦未必有充分之償債能力。如存貨須先出售，變成應收帳款，再收現，而預付費用不能變現。故欲衡量企業之立即償債能力，則須以速動比率來測試。因速動資產刪除上述兩種資產後，變現能力更佳。

9. 財務報表分析方法可用下表來表示：

   財務報表分析
   ├─ 水平分析（動態分析）─┬─ 增減比較分析
   │   └─ 趨勢分析
   └─ 垂直分析（靜態分析）─┬─ 共同比分析
                            └─ 比率分析

10. 趨勢分析是對多期報表之相同項目進行分析，來表示時間過程中之變化趨勢，由於分析使用之報表涉及較長時間，是為一項長程分析。

二、是非題

1.(○)　2.(○)　3.(×)　4.(×)　5.(○)　6.(×)　7.(×)　8.(×)　9.(×)　10.(×)

三、選擇題

1.(4)　2.(2)　3.(4)　4.(3)　5.(2)　6.(1)　7.(1)　8.(4)　9.(3)　10.(4)

四、計算題

1. (1)

文明公司
損益表
×1年及×2年度

	×2年	×1年	增加（或減少）金額	百分比
銷貨淨額	$420,000	$350,000	$ 70,000	20.0%
銷貨成本	370,000	260,000	110,000	42.3%
銷貨毛利	$ 50,000	$ 90,000	$ (40,000)	(44.4%)
營業費用	40,000	50,000	(10,000)	(20.0%)
純益	$ 10,000	$ 40,000	$ (30,000)	(75.0%)

(2)

文明公司
損益表
×1年及×2年度

	×2年 金額	×2年 百分比	×1年 金額	×1年 百分比
銷貨淨額	$420,000	100%	$350,000	100%
銷貨成本	370,000	88.09%	260,000	74.29%
銷貨毛利	$ 50,000	11.91%	$ 90,000	25.71%
營業費用	40,000	9.52%	50,000	14.29%
純益	$ 10,000	2.378%	$ 40,000	11.43%

2. (1) 營運資金

　　　$3,451,000 − $3,020,000 ＝ $431,000

(2) 流動比率

　　　$3,451,000 ÷ $3,020,000 ＝ 1.14

(3) 速動比率

$$速動資產 = 現金＋有價證券＋應收帳款$$
$$= \$254,000 + \$132,000 + \$1,265,000 = \$1,651,000$$
$$\$1,651,000 \div \$3,020,000 = \underline{0.55}$$

3. (1) 純益率

$$\$120,000 \div \$670,000 = 17.91\%$$

(2) 資產週轉率

$$\$670,000 \div \$1,100,000 = 60.91\%$$

(3) 資產報酬率

$$\$120,000 \div \$1,100,000 = 10.91\%$$

(4) 普通股權益報酬率

$$\$120,000 \div \$860,000 = 13.95\%$$

4.

×5 年	×4 年	×3 年	×2 年	×1 年
$1,200,000	$980,000	$1,050,000	$940,000	$830,000
144.58%	118.07%	126.51%	113.25%	100%

∵ A 公司淨利持續成長，雖×4 年小幅下跌，但×5 年表現亮麗。

5. (1) X 公司　本益比 $120 ÷ $3.50 = 34.29 (倍)

　　Y 公司　本益比 $60 ÷ $2.50 = 24 (倍)

(2) 投資 X 公司的風險較高，因其本益比為 34.29 倍，遠大於 Y 公司之 24 倍。

6. (1) 流動比率

$$流動資產 = \$78,000 + \$140,000 + \$280,000 + \$90,000$$
$$= \$588,000$$
$$流動負債 = \$310,000 + \$85,000 + \$50,000$$
$$= \$445,000$$
$$\$588,000 \div \$445,000 = \underline{1.32}$$

(2) 速動比率

$$(\$78{,}000 + \$140{,}000) \div \$445{,}000 = \underline{48.99}\,\%$$

(3) 應收帳款週轉率

$$\frac{\$1{,}440{,}000}{(\$110{,}000 + \$140{,}000) \div 2} = \underline{11.52}\,(次)$$

(4) 平均收現日數

$$365 \div 11.52 = \underline{31.68}\,(天)$$

(5) 存貨週轉率

$$\frac{\$1{,}100{,}000}{(\$230{,}000 + \$280{,}000) \div 2} = \underline{4.31}\,(次)$$

(6) 平均售貨日數

$$365 \div 4.31 = \underline{84.69}\,(天)$$

(7) 營業週期

$$31.68\,天 + 84.69\,天 = \underline{116\,天}$$

7. (1) 每股盈餘

$$\$120{,}000 \div 40{,}000 = \underline{\$3}$$

(2) 本益比

$$\$20 \div \$3 = \underline{6.67}(倍)$$

(3) 股利支付率

$$\$25{,}000 \div \$120{,}000 = \underline{0.21}$$

(4) 利息保障倍數比率

$$\frac{所得稅及利息費用前純益}{本期利息費用} = \frac{\$120{,}000 + \$25{,}000 + \$15{,}000}{\$15{,}000} = \underline{10.67}(倍)$$

8. (1) 債務對資產比率

$$總資產 = 流動資產 + 不動產、廠房及設備$$
$$= \$446{,}000 + \$1{,}105{,}000$$
$$= \$1{,}551{,}000$$

$$(\$260{,}000 + \$530{,}000) \div \$1{,}551{,}000 = \underline{0.51}$$

(2) 流動比率

$$\$446{,}000 \div \$260{,}000 = \underline{1.72}$$

(3) 速動比率

$$\$212{,}000 \div \$260{,}000 = \underline{0.82}$$

9. (1) 每股盈餘

$$\$84{,}000 \div 20{,}000 = \underline{\$4.20}$$

(2) 普通股權益報酬率

平均普通股權益 = ($393,500 + $331,200) ÷ 2 = $362,350

$$\$84{,}600 \div \$362{,}350 = \underline{0.23}$$

(3) 資產報酬率

平均資產 = ($690,500 + $587,200) ÷ 2 = $638,850

$$\$84{,}000 \div \$638{,}850 = \underline{0.13}$$

(4) 流動比率

$$\$329{,}500 \div \$197{,}000 = \underline{1.67}$$

(5) 速動比率

速動資產 = $70,000 + $33,000 + $104,000
　　　　= $207,000

$$\$207{,}000 \div \$197{,}000 = \underline{1.05}$$

(6) 應收帳款週轉率

平均應收帳款 = ($104,000 + $89,000) ÷ 2 = $96,500

$$\$1{,}505{,}000 \div \$96{,}500 = \underline{15.60}$$

(7) 存貨週轉率

平均存貨 = ($122,500 + $101,000) ÷ 2 = $111,750

$$\$817{,}000 \div \$111{,}750 = \underline{7.31}$$

(8) 利息保障倍數比率

$$\$230{,}000 \div \$110{,}000 = \underline{2.09}$$

(9) 資產週轉率

$$平均資產 = (\$690,500 + \$587,200) \div 2$$
$$= \$638,850$$
$$\$1,505,000 \div \$638,850 = \underline{2.36}$$

(10) 債務對資產比率

$$\$297,000 \div \$690,500 = \underline{0.43}$$